木结构设计标准理解与应用

朱亚鼎 编著

中国建筑工业出版社

图书在版编目（CIP）数据

木结构设计标准理解与应用／朱亚鼎编著. —北京：
中国建筑工业出版社，2021.7
ISBN 978-7-112-26428-5

Ⅰ．①木… Ⅱ．①朱… Ⅲ．①木结构-结构设计-设
计标准-中国 Ⅳ．①TU366.204-65

中国版本图书馆 CIP 数据核字（2021）第 154898 号

　　本书依据《木结构设计标准》GB 50005—2017，系统介绍了材料、基本规定、构件计算和连接设计等相关规定，以精简的语句阐述条文的背景、理解与应用，并配合相应的例题，加深对标准的理解。

　　本书可供从事木结构设计、施工和管理等工程技术人员参考，也可作为高等院校师生的参考书。

　　责任编辑：曹丹丹　范业庶
　　责任校对：党　蕾

木结构设计标准理解与应用

朱亚鼎　编著

*

中国建筑工业出版社出版、发行(北京海淀三里河路9号)
各地新华书店、建筑书店经销
北京鸿文瀚海文化传媒有限公司制版
北京建筑工业印刷厂印刷

*

开本：787 毫米×1092 毫米　1/16　印张：9　字数：222 千字
2021 年 9 月第一版　　2021 年 9 月第一次印刷
定价：**39.00** 元
ISBN 978-7-112-26428-5
(37828)

序

　　木材是一种自然生长、可再生的建筑材料，木结构在生产建造过程中产生的污染小、全生命期碳排放低；工艺合理的木结构完全可以工厂预制、现场拼装，装配化程度高；木结构自重轻、韧性强，抗震性能好。近年来，木结构的这些优点得到越来越多的认识，因此越来越多的木结构在国内各地建成。如太原植物园三个展馆均采用了胶合木网壳，最大单体称为"大球"，其直径达 88 m，球面上的曲梁为双向弯曲的胶合木，项目规模和难度首屈一指，目前主体结构已在太原落成；又如 2022 年冬奥会雪车雪橇中心主赛道全长达 1.9 km，其顶棚也采用了胶合木为主体结构，诠释了绿色冬奥场馆的建设理念。木结构除用于住宅办公等传统建筑外，正成为低碳绿色建筑的代表应用于各类场馆的建设，且规模不断增大、难度不断增高。

　　在木结构建设不断发展的过程中，木结构规范体系也不断得到完善、内容也不断得到丰富。但是，相比于钢筋混凝土结构和钢结构，木结构工程项目在我国的比例还很低，木结构工程建设的实践机会相对还较少；所以，不少刚开始从事木结构设计、施工和管理的技术人员对木结构材料特点，以及木结构相关规范的内在含义和应用要点不太熟悉。加拿大木业朱亚鼎先生基于自身多年在设计院的工程结构设计经验、近年对木结构工程技术推广的经验，以及参与规范编制和讨论的体会，对《木结构设计标准》GB 50005—2017 中不易理解的条文，进行了较为详细的解释，也对标准编制的一些背景加以说明，以期帮助读者更好地理解规范、应用规范，从而更好地服务于木结构工程的建设，推动我国建筑业的绿色发展。

何敏娟

于同济园

前　言

随着我国经济的发展，对低碳、绿色建筑及可持续发展日益重视，木结构建筑越来越多地被广泛采用。新修订的《木结构设计标准》GB 50005—2017、《多高层木结构建筑技术标准》GB/T 51226—2017相继颁布执行，建筑结构及相关人员急需了解和掌握常用的条文内容。编写本书的目的是让读者能够快速、系统地应用新标准。

为便于与《木结构设计标准》对照，本书中用楷体引用标准原文条款，并按标准原文中的条款号编写。对重要规定、公式及工程构造进行了解读，并给出了相应的算例；对于标准中提出难以理解、不能定量把握的要求，笔者结合国内外工程实践给出了相应的设计建议，供读者参考；同时介绍了《民用建筑隔声设计规范》GB 50118—2010和《建筑碳排放计算标准》GB/T 51366—2019，以及加拿大、欧洲木结构设计规范中的相关内容。为加深对本标准的理解并熟练应用，在附录中整理了2012年至2019年全国一级注册结构工程师专业考试的木结构试题及解答。

本书的出版基于国家"十三五"国家重点研发计划课题——"多层木结构及木混合结构体系研究及示范工程"。在编写过程中得到了加拿大木业张海燕高级总监、中元国际工程有限公司王健宁先生的鼓励和支持，同济大学何敏娟教授和加拿大林产品创新研究院首席科学家倪春博士对本书进行了认真审阅，提出了许多宝贵建议。本书得到加拿大木业的大力资助，在此一并表示衷心感谢。

限于作者水平，书中不足之处在所难免，恳请读者不吝指正，并将意见和建议反馈给作者（Email：yading.zhu@canadawood.cn）。

朱亚鼎

于梦加园

目　录

4 基本规定 / 20

5 构件计算 / 35

6 连接设计 / 52

12 隔声设计 / 97

13 碳排放计算 / 99

附录A 胶合木结构算例 / 101

附录B 轻型木结构案例 / 113

附录C 常见楼板和墙体的隔声性能 / 119

附录D 木结构建筑全生命期碳排放算例 / 122

附录E 全国一级注册结构工程师专业考试木结构试题解答 / 125

参考文献 / 133

0 概述 ··→··→··→·

我国的木结构设计标准的发展经历了多个阶段。《木结构设计暂行规范》（规结-3-55）参考苏联的设计理论、方法和标准体系，于1955年颁布，是我国第一部木结构设计标准。1973年，在西南建筑设计院成立了《木结构设计规范》国家标准管理组，颁布了《木结构设计规范》GBJ 5—73。1988年，颁布了修订后的《木结构设计规范》GBJ 5—88。为了适应加入WTO后市场经济发展的需求及加快我国木结构建筑和木材工业的发展，分别于2003年、2005年颁布《木结构设计规范》GB 5005—2003、《木结构设计规范（2005年版）》GB 50005—2003（以下简称"2005年版"）。2009年11月，由中国建筑西南设计研究院有限公司、四川省建筑科学研究院与国内外有关单位开展了《木结构设计规范》GB 50005—2003的修订工作，《木结构设计标准》GB 50005—2017（以下简称"本标准"）于2018年8月1日起正式实施。

本标准共有10条强制性条文（表0.1），其中新增的强制性条文为第4.1.6条。2005年版中的部分强制性条文已在《建筑设计防火规范（2018年版）》GB 50016—2014（以下简称《建规》）和《胶合木结构技术规范》GB/T 50708—2012（以下简称《胶规》）中出现。

根据住房和城乡建设部关于发布国家标准《木结构通用规范》的公告（2021年4月12日），本标准中的10条强制性条文将于2022年1月1日废止，国家标准《木结构通用规范》GB 55005—2021，自2022年1月1日起实施。该通用规范为强制性工程建设规范，全部条文必须严格执行，现行工程建设标准中有关规定与该通用规范不一致的，以该通用规范的规定为准。

强制性条文汇总

表0.1

章节	2005年版		本标准	
	编号	简要内容	编号	简要内容
材料	3.1.2	普通木结构材质等级	3.1.3	方木原木材质等级
	3.1.8	胶合木结构材质等级		
	3.1.11	轻型木结构材质等级		
	3.1.13	制作构件时的含水率	3.1.12	制作构件时的含水率
	3.3.1	结构用胶		
基本规定	4.2.1	普通木结构木材设计指标	4.1.6	荷载持续作用时间影响
			4.1.14	结构用胶
			4.3.1	木材设计指标
	4.2.9	长细比	4.3.4	国产树种目测分级规格材
			4.3.6	层板胶合木的强度

续表

章节	2005 年版		本标准	
	编号	简要内容	编号	简要内容
方木原木结构	7.1.5	截面削弱	7.4.11	8、9 度地区屋面木基层
	7.2.4	8、9 度地区屋面木基层		
	7.5.1	桁架稳定所需支撑和锚固措施	7.7.1	桁架等稳定所需支撑和锚固措施
	7.5.10	屋架与柱连接		
	7.6.3	桁架支座锚固		
胶合木结构	8.1.2	胶合木层板与木纹方向	/	/
	8.2.2	截面形状修正系数		
防火设计	10.2.1	燃烧性能和耐火极限	/	/
	10.3.1	允许层数、长度和防火分区面积		
	10.4.1	防火间距		
	10.4.2	防火间距(无门窗洞口)		
	10.4.3	防火间距(有门窗洞口)		
木结构防护	11.0.1	防水、防潮措施	11.2.9	防水、防潮措施
	11.0.3	通风防潮措施		
合计		21 条		10 条

本次修订后，各章节的条文数量发生了一定变化（表 0.2），修订主要内容是：

1. 完善了木材材质分级及强度等级的规定，全面审定国产木材和进口木材的树种、强度等级及设计指标；

2. 扩大了国产树种和进口木材树种的利用范围；

3. 对进口木材及木材产品的强度设计值进行了可靠度分析研究，确定了在本标准中的强度设计指标；

4. 补充了方木原木结构和组合木结构的相关设计规定；

5. 增加对结构复合材和工程木产品的设计规定；

6. 协调完善了胶合木结构、轻型木结构的设计规定；

7. 完善了木结构构件稳定计算和连接设计的规定；

8. 补充完善了抗震设计、防火设计和耐久性设计的规定。

条文数量的比较　　　　　　　　　　表 0.2

章节	2005 年版	本标准
总则	6 条	3 条
术语与符号	20 条术语 42 个符号	33 条术语 106 个符号
材料	21 条	26 条
基本规定	21 条	50 条
构件计算	15 条	19 条

续表

章节	2005 年版	本标准
连接设计	30 条	33 条
方木原木结构	39 条	79 条
胶合木结构	18 条	15 条
轻型木结构	39 条	66 条
防火设计	18 条	25 条
木结构防护	7 条	24 条
合计	234 条	373 条

本标准修订过程中，与加拿大木业协会等单位开展技术合作。借鉴国外先进的木结构技术，开展了符合我国国情的研究，取得了部分成果，并纳入本标准。同时，在相关设计规定和构造要求中，参考了国外木结构设计规范，见表0.3。

国外木结构设计规范   表 0.3

序号	名称
1	Engineering design in wood，CSA O86（以下简称"加拿大规范"）
2	Eurocode 5：Design of timber structures，EN 1995-1-1，EN 1995-1-2，EN 1995-2（以下简称"欧洲规范"）
3	National design specification for wood construction

1 总则

1.1 适用范围

标准的规定

1.0.2 本标准适用于建筑工程中方木原木结构、胶合木结构和轻型木结构的设计。

对标准规定的理解

方木（又称"方材"）为直角锯切且宽厚比小于 3 的锯材；原木为伐倒的树干经打枝和造材加工而成的木段。方木原木结构包括穿斗式、抬梁式、井干式、木框架剪力墙和梁柱式木结构。当混凝土、砌体和钢结构中采用方木原木结构构件作为楼（屋）盖时，该构件尚应满足方木原木结构的相关要求。

胶合木结构是指承重构件主要采用胶合木制作的建筑结构，主要分为层板胶合木结构和正交胶合木结构。层板胶合木构件适用于大跨度、大空间的单层或多层木结构建筑，而正交胶合木构件适用于墙体和楼（屋）盖，其结构形式主要为箱形或板式结构。

轻型木结构（以下简称"轻木"）是一种将小截面的规格材按一定间距布置而成的结构形式，其结构的承载力、刚度和整体性是通过骨架构件和覆面板（墙面板、楼面板和屋面板）共同作用得到的。轻型木结构有平台式骨架结构和连续墙骨柱式两种基本结构形式，本标准中轻型木结构的相关要求仅适用于平台式骨架结构。而连续墙骨柱式因其在施工现场安装不方便，现在已很少应用。

除本标准外，《建规》对木结构建筑或木结构组合建筑的总层数和建筑高度做了相应规定（表 1.1），且为强制性条文，必须严格执行。

层数和允许建筑高度 表 1.1

限制内容	本标准(低层)			《多木标》[①]	《建规》[②]			
	方木原木	胶合木	轻木	多、高层木结构	普通	胶合木	轻木	组合建筑
总层数	/	/	3	4、5[③]	2	1	3	3	7
建筑高度(m)	/	/	/		10	不限	15	10	24

① 按《多高层木结构建筑技术标准》GB/T 51226—2017(以下简称《多木标》)第 7.1.1 条适用于住宅和办公建筑。
② 按《建规》第 11.0.3 条，适用于丁、戊类厂房(库房)和民用建筑。
③ 对于 6 层及 6 层以上的木结构建筑的防火设计应经论证确定。

1.2 相关标准

标准的规定

1.0.3 木结构的设计除应符合本标准外，尚应符合国家现行有关标准的规定。

对标准规定的理解

本标准中的很多内容与《多木标》等其他现行标准有交叉，部分条文规定也不完全相同，木结构设计时应相互参照各本标准。表1.2给出了木结构设计中常用的国家、行业、地方、协会标准及标准设计图集，使用时应要遵循以下原则：

1. 现行国家标准的条款是对工程设计、建设的最低要求；
2. 行业标准、地方标准、协会标准和标准设计图集是对国家标准的补充和延伸。

相关标准和标准设计图集　　　　　　　　　　　　　　表 1.2

国家标准	
建筑材料及制品燃烧性能分级	GB 8624—2012
建筑地基基础设计规范	GB 50007—2011
建筑结构荷载规范	GB 50009—2012
混凝土结构设计规范(2015年版)	GB 50010—2010
建筑抗震设计规范(2016年版)	GB 50011—2010
建筑设计防火规范(2018年版)	GB 50016—2014
钢结构设计标准	GB 50017—2017
建筑结构可靠性设计统一标准	GB 50068—2018
木结构工程施工质量验收规范	GB 50206—2012
木材含水率测定方法	GB/T 1931—2009
木材抗弯强度试验方法	GB/T 1936.1—2009
木材抗弯弹性模量测定方法	GB/T 1936.2—2009
防腐木材	GB/T 22102—2008
木结构覆板用胶合板	GB/T 22349—2008
结构用集成材(以下简称《集成材》)	GB/T 26899—2011
建筑结构用木工字梁	GB/T 28985—2012
结构用锯材力学性能测试方法	GB/T 28993—2012
结构用规格材特征值的测试方法	GB/T 28987—2012
轻型木结构锯材用原木	GB/T 29893—2013
轻型木结构用规格材目测分级规则	GB/T 29897—2013
木材和木基产品的荷载持续时间效应和蠕变性能评定	GB/T 31291—2014
机械应力分级锯材	GB/T 36407—2018

续表

国家标准	
木结构用单板层积材	GB/T 36408—2018
结构用集成材生产技术规程	GB/T 36872—2018
木结构胶粘剂胶合性能基本要求	GB/T 37315—2019
木结构剪力墙静载和低周反复水平加载试验方法	GB/T 37745—2019
木结构销槽承压强度及钉连接承载力特征值确定方法	GB/T 39422—2020
古建筑木结构维护与加固技术标准	GB/T 50165—2020
木结构试验方法标准	GB/T 50329—2012
木骨架组合墙体技术标准	GB/T 50361—2018
胶合木结构技术规范	GB/T 50708—2012
木结构工程施工规范	GB/T 50772—2012
多高层木结构建筑技术标准	GB/T 51226—2017
装配式木结构建筑技术标准(以下简称《装配式木标》)	GB/T 51233—2016
行业标准	
轻型木桁架技术规范	JGJ/T 265—2012
建筑木结构用阻燃涂料	JG/T 572—2019
木结构现场检测技术标准	JGJ/T 488—2020
定向刨花板	LY/T 1580—2010
轻型木结构 结构用指接规格材	LY/T 2228—2013
结构用木材强度等级	LY/T 2383—2014
轻型木结构建筑覆面板用定向刨花板	LY/T 2389—2014
胶合面木破率的测定方法	LY/T 2720—2016
指接材用结构胶黏剂胶合性能测试方法	LY/T 2722—2016
正交胶合木	LY/T 3039—2018
井干式木结构技术标准	LY/T 3142—2019
木结构楼板振动性能测试方法	LY/T 3218—2020
地方标准	
上海市轻型木结构建筑技术规程(以下简称《轻木标》)	DG/TJ 08—2059—2009
上海市工程木结构设计规范	DG/TJ 08—2192—2016
天津市民用建筑施工图设计审查要点 轻型木结构篇	DBJT 29—183—2018
吉林省低层木结构建筑设计规程(试行)	DB 22/JT 159—2016
吉林省多层木结构建筑设计规程(试行)	DB 22/JT 160—2016
协会标准	
标准化木结构节点技术规程	T/CECS 659—2020
工业化木结构构件质量控制标准	T/CECS 658—2020
标准设计图集	
木结构建筑	14J924

2 术语

2.1 木结构

标准的规定

2.1.1 木结构（timber structure）：采用以木材为主制作的构件承重的结构。

对标准规定的理解

本标准适用于方木原木结构、轻型木结构和胶合木结构，其主要采用经过加工的木材或工程木产品作为承重构件，构件间的连接则通常采用金属连接或紧固件。

2.2 方木、板材和规格材

标准的规定

2.1.4 方木（square timber）：直角锯切且宽厚比小于 3 的锯材，又称方材。
2.1.5 板材（plank）：直角锯切且宽厚比大于或等于 3 的锯材。
2.1.6 规格材（dimension lumber）：木材截面的宽度和高度按规定尺寸加工的规格化木材。

对标准规定的理解

在加拿大，木材（Timber）是指短边宽度大于等于 114mm 的木材；规格材（Dimension Lumber）通常指短边宽度为 38~102mm 的规格化木材；板材（Plank）是指长边宽度大于等于 114mm 的规格材，且荷载作用在长边上。

2.3 木材含水率

标准的规定

2.1.9 木材含水率（moisture content of wood）：木材内所含水分的质量占木材绝干

7

质量的百分比。

◌ 对标准规定的理解

本标准中的木材含水率是以绝干木材的质量作为基准计算的绝对含水率，应按《木材含水率测定方法》GB/T 1931—2009 中的相关规定，通常采用烘干法测定。对于含有较多挥发物质（树脂、树胶等）的木材，宜采用真空干燥法测定。

2.4 轻型木结构

◌ 标准的规定

2.1.26 轻型木结构（light wood frame construction）：用规格材、木基结构板或石膏板制作的木架构墙体、楼板和屋盖系统构成的建筑结构。

◌ 对标准规定的理解

在欧洲，轻型木结构为 Timber Frame Construction，而在北美地区则对应 Light Wood Frame Construction。

2.5 销连接

◌ 标准的规定

2.1.33 销连接（dowel-type fasteners）：是采用销轴类紧固件将被连接的构件连成一体的连接方式。销连接也称为销轴类连接。销轴类紧固件包括螺栓、销、六角头木螺钉、圆钉和螺纹钉。

◌ 对标准规定的理解

木结构工程中一般采用销轴类紧固件（表 2.1），通过销轴和销轴孔（槽）之间的承压来传递外力。

木结构工程常用紧固件

表 2.1

销轴类紧固件	规格/材质	对应标准
螺栓 （普通螺栓）	M1.6～M64 M5～M64	《六角头螺栓》GB/T 5782—2016 《六角头螺栓 C 级》GB/T 5780—2016 《紧固件机械性能 螺栓、螺钉和螺柱》GB/T 3098.1—2010
销 （销轴）	0.6～50mm 3～100mm	《圆柱销 不淬硬钢和奥氏体不锈钢》GB/T 119.1—2000 《销轴》GB/T 882—2008

销轴类紧固件	规格/材质	对应标准
锚栓	Q235、Q345、Q390 或更高	《钢结构设计标准》GB 50017—2017 《地脚螺栓》GB/T 799—2020
植筋	HRB335	《木结构现场检测技术标准》JGJ/T 488—2020
钉	普通钉 1.2～5mm	《钢钉》GB 27704—2011 《木结构用钢钉》LY/T 2059—2012
自攻螺钉	2.4～24mm	《木结构用自攻螺钉》LY/T 3219—2020

3 材料

3.1 木材力学性能

木材的力学性能在三个主方向（图 3.1a）上有明显差异，这三个主方向分别是纵向（顺纹方向）、弦向和径向，对应缩写为 L、T 和 R，弦向和径向又统称为横纹方向。木材的应力与应变关系既有弹性又有塑性，属于黏弹性材料；在较小应力和较短时间的条件下，保持线弹性（图 3.1b、图 3.1c）。木材顺纹、横纹受拉和剪切破坏前并无明显的塑性变形阶段，表现为脆性破坏；顺纹受压破坏时，纤维失稳而屈曲，具有较好的塑性；横纹受压进入塑性流动阶段后，变形增长很快，当所有细胞腔压扁后应力急剧上升。根据上述木材力学性能的特点，本标准采用木材按弹性设计的方法。

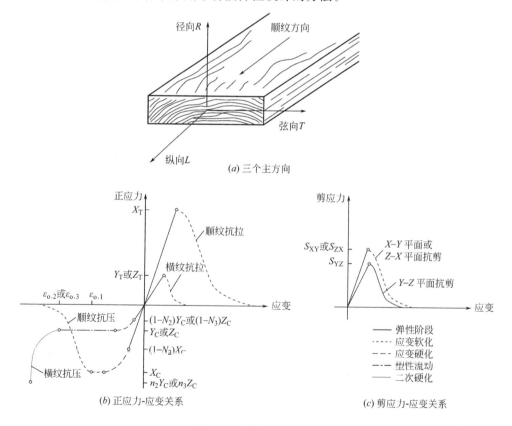

(a) 三个主方向

(b) 正应力-应变关系

(c) 剪应力-应变关系

图 3.1 木材的力学性能

$$\begin{bmatrix} \varepsilon_L \\ \varepsilon_T \\ \varepsilon_R \\ \gamma_{LT} \\ \gamma_{LR} \\ \gamma_{TR} \end{bmatrix} = \begin{bmatrix} \dfrac{1}{E_L} & -\dfrac{\mu_{TL}}{E_T} & -\dfrac{\mu_{RL}}{E_R} & 0 & 0 & 0 \\ -\dfrac{\mu_{LT}}{E_L} & \dfrac{1}{E_T} & -\dfrac{\mu_{RT}}{E_R} & 0 & 0 & 0 \\ -\dfrac{\mu_{LR}}{E_L} & -\dfrac{\mu_{TR}}{E_T} & \dfrac{1}{E_R} & 0 & 0 & 0 \\ 0 & 0 & 0 & \dfrac{1}{G_{LT}} & 0 & 0 \\ 0 & 0 & 0 & 0 & \dfrac{1}{G_{LR}} & 0 \\ 0 & 0 & 0 & 0 & 0 & \dfrac{1}{G_{TR}} \end{bmatrix} \begin{bmatrix} \sigma_L \\ \sigma_T \\ \sigma_R \\ \tau_{LT} \\ \tau_{LR} \\ \tau_{TR} \end{bmatrix} \quad (3.1)$$

$$\frac{\mu_{ij}}{E_i} = \frac{\mu_{ji}}{E_j}, \quad i \neq j, \quad i, j = L, T, R \quad (3.2)$$

木材可近似看成一种正交各向异性的材料。式（3.1）给出了木材的本构方程，其柔度矩阵中的弹性常数共有 12 个，包括 3 个弹性模量、3 个剪切模量和 6 个泊松比。木材的弹性模量与泊松比之间的关系可按式（3.2）计算，故 12 个弹性参数中只有 9 个是独立的。通常用木材的顺纹弹性模量 E_L 来描述其他弹性和剪切模量，表 3.1 给出了花旗松的弹性模量的比例常数和泊松比的参考值。

花旗松弹性模量的比例常数和泊松比　　　　表 3.1

参数	E_L	E_T/E_L	E_R/E_L	G_{LT}/E_L	G_{RL}/E_L	G_{TR}/E_L	μ_{LT}	μ_{RL}	μ_{TR}
花旗松	/	0.050	0.068	0.078	0.064	0.007	0.449	0.036	0.374

3.2 材质等级

木材作为一种自然资源，其材质和力学性能受树种、生长环境、微观及宏观构造等差异影响而产生变异。为了使木材的性质能够满足具体使用要求，保证其在木结构中作为结构构件的安全可靠，故对结构用木材的材质进行分级（表 3.2）。需要注意的是，轻型木结构中目测分级规格材与胶合木结构中目测分级层板材的材质等级是不同的，其所对应的强度设计值和弹性模量也是不同的，不能混淆。

木结构构件的材质等级　　　　表 3.2

结构类型	构件类型	材质等级	材质等级标准	备注
方木、原木结构	方木（工厂目测分级并加工）	I_e、II_e、III_e	本标准表 A.1.4-1	进口材的材质等级与强度有关
		I_f、II_f、III_f	本标准表 A.1.4-2	
	方木（现场目测分级）原木（现场目测分级）	I_a、II_a、III_a	本标准表 A.1.1（方木）本标准表 A.1.2（原木）	材质等级与强度无关

续表

结构类型	构件类型	材质等级	材质等级标准	备注
轻型木结构	目测分级规格材	I_c、II_c、III_c、IV_c、IV_{c1}、II_{c1}、III_{c1}	本标准表 A.3.1	材质等级与强度有关
胶合木结构	普通胶合木层板	I_b、II_b、III_b	本标准表 A.2.1《胶规》表3.1.2	材质等级与强度无关
	目测分级层板	I_d、II_d、III_d、IV_d	《胶规》表3.1.3-1	材质等级与强度有关

3.3 强度等级

本标准将方木原木按树种划分 4 个针叶木和 5 个阔叶木强度等级，其他结构材的强度等级应按表 3.3 所示选取，其中 TC（针叶木）、TB（阔叶木）分别为 Timber Coniferous、Timber Broadleaved 的首字母缩写；YD、YF 和 T 分别对应"异对""异非"和"同"拼音首字母；字母后面的数字则代表抗弯强度设计值或标准值。

结构材的强度等级　　　　　　表 3.3

类型	强度等级
方木原木普通层板胶合木	针叶木：TC11、TC13、TC15、TC17。阔叶木：TB11、TB13、TB15、TB17、TB20
规格材	机械应力分级：M10、M14、M18、M22、M26、M30、M35、M40
层板材	机械弹性模量分级：M_E8、M_E9、M_E10、M_E11、M_E12、M_E14
层板胶合木	对称异等组合：$TC_{YD}24$、$TC_{YD}28$、$TC_{YD}32$、$TC_{YD}36$、$TC_{YD}40$。非对称异等组合：$TC_{YF}24$、$TC_{YF}28$、$TC_{YF}32$、$TC_{YF}36$、$TC_{YF}40$。同等组合：TC_T24、TC_T28、TC_T32、TC_T36、TC_T40
北美地区进口规格材[1]	机械分级：2850Fb-2.3E、2700Fb-2.2E、2550Fb-2.1E、2400Fb-2.0E 等
欧洲地区进口锯材[2]胶合木[3]	针叶木：C16、C18、C24、C30、C40；T10、T11、T14、T18、T22、T24、T26。阔叶木：D24、D30、D40、D50、D60。胶合木同等组合：GL24h、GL28h、GL32h、GL36h。胶合木异等组合：GL24c、GL28c、GL32c、GL36c

① 按《加拿大结构用胶合木标准》（以下简称"CSA O122"）。
② 按《欧洲结构用木材—强度等级标准》（以下简称"EN 338"）。
③ 按《欧洲结构用木材—胶合木标准》（以下简称"EN 14080"）。

3.4 截面尺寸与构件尺度

木材经过"简单加工"后可分为两大类天然木材产品：原木和锯材。锯材又可细分为方木、板材和规格材。原木的径级以梢径计算，梢径一般为 80～200mm，长度为 4～8m.

梢径大于 200mm 的原木可以经锯切加工成方木或锯材，方木的边长一般为 60～240mm，最大长度为 8 m（针叶木）。规格材截面宽度一般较小，常用长度为 2.7～6.1m。表 3.4 给出了天然木产品的常用截面尺寸。

天然木产品的常用截面尺寸（mm）　　　　表 3.4

天然木产品	国产	加拿大①	德国②
方木	/	114、140、165、191、216、241、292、343、394	100、150、300
规格材/锯材	45×75、45×90、45×140、45×190、45×240、45×290	38×89、38×140、38×184、38×235、38×286	48×98、48×123、48×148、48×173、48×198、48×223、50×75～200(模数25)

① 加拿大规格材截面尺寸对应含水率不大于 19%（按《加拿大软木标准》CSA O141）。
② 德国针叶木锯材截面尺寸对应的含水率约为 20%（按《德国木材强度分级标准》DIN 4074 1）。

胶合木则是木材经过深加工后的工程木产品。层板胶合木构件截面尺寸主要由层板宽度和层板数控制，且层板数应大于等于 3 层，胶缝厚度一般为 0.1～0.3mm，构件截面最大高度可达 2m，最大长度为 30m。当制作曲线型层板胶合木构件时，应选与曲率半径相对应的层板厚度。胶合木构件的层板厚度应符合《集成材》的相关规定，在加拿大、欧洲常用层板胶合木构件的截面尺寸如表 3.5 所示。

常用层板胶合木构件的截面尺寸（mm）　　　　表 3.5

常见规格	GB/T 26899①	加拿大②	欧洲③
构件宽度	/	80、130、175、215、265、315、365	90、115、140、165
层板厚度	5～50(本标准≤45)；35：对应最小曲率半径9.45m	38：对应最小曲率半径10.8m；19：对应最小曲率半径3.8m	6～45；直线型：19～50；曲线型：常用12、19

① 《集成材》第 4.3.5.9 条。
② 按 CSA O122，加拿大胶合木层板对应含水率为 7%～15%，同一构件各层板间的含水率差别小于 5%。
③ 按 EN 14080，欧洲胶合木层板对应的参考含水率为 12%。

正交胶合木主要为板式构件，总层板数为奇数，且大于等于 3 层，截面总厚度通常为 50～300mm，单元板宽度为 0.6～3m，长度可以达到 16～24m。相关规范对正交胶合木层板的相关规定如表 3.6 所示。

正交胶合木层板的相关规定（mm）　　　　表 3.6

常见规格	本标准	北美①	欧洲②
层板层数 n	第 8.03 条	3≤n<9	n≥3
总厚度		<500	<500
层板厚度	第 8.07 条	15～45	15～45/60
层板宽度		80～250	40～350

① 按《美国正交胶合木性能分级标准》ANSI/APA PRG 320。
② 按《欧洲结构用木材——正交胶合木标准》EN 16351。

3.5 名义尺寸与实际尺寸

原木或木材加工成锯材过程中，由于含水率变化、木材收缩和单位换算等影响，实际尺寸相较于名义尺寸会发生一定变化（图3.2）。以加拿大进口云杉-松-冷杉（SPF）2×4规格材为例，其毛板下锯时的名义尺寸为2英寸×4英寸（约51mm×102mm），经过烘（窑）干、刨切等加工后，其实际尺寸则变为38mm×89mm。当轻型木结构采用进口规格材截面的实际尺寸与本标准中的尺寸相差不超2mm时，应与其相应规格材等同使用；但在结构设计时，应按加拿大进口规格材截面实际尺寸（表3.7）进行设计。

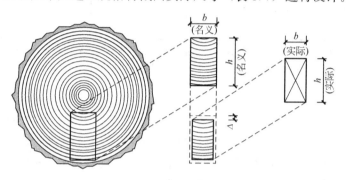

图3.2　实际尺寸与名义尺寸

加拿大进口规格材的截面实际尺寸（mm×mm）　　　　　　表3.7

本标准尺寸 （名义尺寸）	加拿大进口 实际尺寸	本标准尺寸 （名义尺寸）	加拿大进口 实际尺寸
40×40(2英寸×2英寸)	38×38	/	/
40×65(2英寸×3英寸)	38×64	65×65(3英寸×3英寸)	64×64
40×90(2英寸×4英寸)	38×89	65×90(3英寸×4英寸)	64×89
40×115(2英寸×5英寸)	38×114	65×115(3英寸×5英寸)	64×114
40×140(2英寸×6英寸)	38×140	65×140(3英寸×6英寸)	64×140
40×185(2英寸×8英寸)	38×184	65×185(3英寸×8英寸)	64×184
40×235(2英寸×10英寸)	38×235	65×235(3英寸×10英寸)	64×235
40×285(2英寸×12英寸)	38×286	65×285(3英寸×12英寸)	64×286

注：1英寸≈25.4mm

3.6 结构用材

🖐 标准的规定

3.1.1　承重结构用材可采用原木、方木、板材、规格材、层板胶合木、结构复合木材和木基结构板。

对标准规定的理解

结构用材可分为天然木产品和工程木产品两大类（表3.8），原木、方木、板材和规格材都属于天然木产品。工程木产品则是将木材不同程度加工制作而成的工业化木产品，如层板胶合木、结构复合木材和木基结构板。木基结构板作为剪力墙的覆面板时，主要抵抗水平荷载作用；作为楼（屋）盖的覆面板时，还承担竖向荷载作用。

常用结构用材的分类、定义和示例   表3.8

分类	结构用材	定义	示例
天然木产品	原木	伐倒的树干经打枝和造材加工而成的木段	见表3.2、表3.3和表3.4
	方木（锯材）	直角锯切且宽厚比小于3的锯材	
	板材（锯材）	直角锯切且宽厚比大于或等于3的锯材	
	规格材（锯材）	木材截面的宽度和高度按规定尺寸加工的规格化木材	
工程木产品	层板胶合木	以厚度不大于45mm的胶合木层板沿顺纹方向叠层胶合而成的木制品	胶合木(GLT) 正交胶合木(CLT)
	结构复合木材	采用木质的单板、单板条或木片等，沿构件长度方向排列组坯，并采用结构用胶粘剂叠层胶合而成，专门用于承重结构的复合材料	旋切板胶合木(LVL) 平行木片胶合木(PSL) 层叠木片胶合木(LSL) 定向木片胶合木(OSL)
	木基结构板	以木质单板或木片为原料，采用结构胶粘剂热压制成的承重板材	结构胶合板(PLY) 定向木片板(OSB)

3.7 树种

标准的规定

3.1.4 方木和原木应从本标准表4.3.1-1和表4.3.1-2所列的树种中选用，主要的承重构件应采用针叶材；重要的木制连接件应采用细密、直纹、无节和无其他缺陷的耐腐硬质阔叶材。

对标准规定的理解

木材的树种可分为针叶材和阔叶材树种两大类。通常，优质的针叶树种木材（如花旗松、冷杉和云杉等树种）具有树干挺直、纹理平直、材质均匀、材质软易加工、干燥不易产生开裂、扭曲等变形，以及一定的天然耐腐能力等优点，是理想的结构用木材树种。相比之下，落叶松、马尾松、云南松、青冈、槠木、锥栗、桦木和水曲柳等针叶材或阔叶材的材质较差，其特点是强度较高、质地坚硬、不易加工、握钉力差、易劈裂、干燥易产生开裂、扭曲等变形。在选用结构用木材树种时，不仅要考虑木材的强度，还应结合树种的各自特点（表3.9和本标准附录H、J）和使用环境等因素。在结构设计文件中，应标明

15

使用木材的树种和产地。

加拿大产树种的主要特性 表 3.9

树种	主要特性
花旗松	强度较高,耐腐性中,干燥性较好,干后不易开裂翘曲;易加工,握钉力良好,胶粘性能好
冷杉	强度中,不耐腐,干缩略大,易干燥;易加工,易钉钉,胶粘性能良好
云杉	强度低至中,不耐腐,且防腐处理难,干缩较小,干燥快且少裂;易加工,易钉钉,胶粘性能良好
加拿大铁杉	强度中,不耐腐,且防腐处理难,干缩略大,干燥较慢;易加工,易钉钉,胶粘性能良好

3.8 目测分级规格材

标准的规定

3.1.6 轻型木结构用规格材可分为目测分级规格材和机械应力分级规格材。目测分级规格材的材质等级分为七级;机械应力分级规格材按强度等级分为八级,其等级应符合表 3.1.6 的规定。

3.1.7 轻型木结构用规格材截面尺寸应符合本标准附录 B 第 B.1.1 条的规定。对于速生树种的结构用规格材的截面尺寸应符合本标准附录 B 第 B.1.2 条的规定。

3.1.8 当规格材采用目测分级时,分级的选材标准应符合本标准附录 A 第 A.3 节的规定。当采用目测分级规格材设计轻型木结构时,应根据构件的用途按表 3.1.8 的规定选用相应的材质等级。

对标准规定的理解

目前国内的轻型木结构建筑通常采用北美地区进口的目测分级规格材,其等级与本标准材质等级的对应关系见表 3.10。在北美地区,机械应力分级规格材多用于多层轻型木结构或跨度较大的预制木桁架和工字形木搁栅的翼缘。

北美目测分级等级与本标准材质等级的对应关系 表 3.10

本标准 材质等级	主要要求和用途	北美 目测分级等级	北美分类[①]	截面最大尺寸
I$_c$	对强度、刚度和外观有较高要求	Select Structural (精选材)	Structural Light Framing (结构用轻型木框架) Structural Joists and Planks (结构用搁栅和板材)	285mm
II$_c$		No. 1 (1 级)		
III$_q$	对强度和刚度有较高要求,外观要求一般	No. 2 (2 级)		
IV$_c$	对强度和刚度有较高要求,无外观要求	No. 3 (3 级)		
IV$_{c1}$	仅用于墙骨柱	Stud (墙骨柱级)	Studs (墙骨柱)	

本标准 材质等级	主要要求和用途	北美 目测分级等级	北美分类①	截面最大尺寸
Ⅱ$_{c1}$	仅用于轻型木框架(非承重墙 骨柱)	Construction (建造级)	Light Framing (轻型木框架)	90mm
Ⅲ$_{c1}$		Standard (标准级)		

① 按《加拿大木材分级手册》(NLGA Canadian Lumber Grading Manual)。

3.9 胶合木层板

标准的规定

3.1.10 胶合木层板应采用目测分级或机械分级,并宜采用针叶材树种制作。除普通胶合木层板的材质等级标准应符合本标准附录 A 第 A.2 节的规定外,其他胶合木层板分级的选材标准应符合现行国家标准《胶合木结构技术规范》GB/T 50708 及《结构用集成材》GB/T 26899 的相关规定。

对标准规定的理解

制作胶合木构件所采用的层板分为普通胶合木层板、目测分级层板和机械分级层板三类。普通胶合木层板的材质等级分为三级,可根据表 3.11 中构件的主要通途来确定相应的材质等级,该表格源自《木结构设计规范》GBJ 5—88,并沿用至《胶合木结构技术规范》GB/T 50708—2012,以此来提高当时低等级木材在承重结构中的利用率。普通胶合木层板的材质等级并未与强度设计值挂钩,不能体现高材质等级木材的优势,故近年来胶合木构件主要由目测分级层板或机械分级层板来制作。

普通胶合木层板的材质等级   表 3.11

主要用途	材质等级
受拉或拉弯构件	Ⅰ$_b$
受压构件(不包括桁架上弦和拱)	Ⅲ$_b$
桁架上弦或拱,高度不大于 500mm 的胶合梁 (1)构件上、下边缘各 0.1h 区域,且不少于两层板 (2)其余部分	Ⅱ$_b$ Ⅲ$_b$
高度大于 500mm 的胶合梁 (1)梁的受拉边缘 0.1h 区域,且不少于两层板 (2)距受拉边缘 0.1h～0.2h 区域 (3)受压边缘 0.1h 区域,且不少于两层板 (4)其余部分	Ⅰ$_b$ Ⅱ$_b$ Ⅱ$_b$ Ⅲ$_b$

主要用途	材质等级
侧立腹板工字梁 (1)受拉翼缘板 (2)受压翼缘板 (3)腹板	I_b II_b III_b

3.10 正交胶合木层板

标准的规定

3.1.11 正交胶合木采用的层板应符合下列规定：

1 层板应采用针叶材树种制作，并应采用目测分级或机械分级的板材；

2 层板材质的等级标准应符合本标准第3.1.10条的规定，当层板直接采用规格材制作时，材质的等级标准应符合本标准附录A第A.3节的相关规定；

3 横向层板可采用由针叶树种制作的结构复合材；

4 同一层层板应采用相同的强度等级和相同的树种木材。

对标准规定的理解

对于正交胶合木构件的层板，其强轴方向（纵向）层板可采用目测分级或机械分级的层板，而弱轴方向（横向）则可采用目测分级的层板或结构复合材。参考加拿大规范和《美国正交胶合木性能分级标准》（ANSI/APA PRG 320）中正交胶合木构件的基本应力等级的相关规定（表3.12），当采用材质等级为 I_c～IV_c 的目测分级规格材作为层板时，可按本标准附录D、G中的相关规定确定材料力学性能；当采用材质等级为 I_d～III_d 的目测分级层板时，可按《胶规》中的相关规定确定材料力学性能。

正交胶合木构件的基本应力等级 表 3.12

应力等级	层板的树种组合和等级
E1	纵向层板均为北美机械应力分级 1950 Fb-1.7E 级云杉-松-冷杉规格材；横向层板均为北美目测分级 No.3 级云杉-松-冷杉规格材
E2	纵向层板均为北美机械应力分级 1650 Fb-1.5E 级花旗松-落叶松规格材；横向层板均为北美目测分级 No.3 级花旗松-落叶松规格材
E3	纵向层板均为北美机械应力分级 1200 Fb-1.2E 级北方树种规格材；横向层板均为北美目测分级 No.3 级北方树种规格材
V1	纵向层板均为北美目测分级 No.1 或 No.2 级花旗松-落叶松规格材；横向层板均为北美目测分级 No.3 级花旗松-落叶松规格材
V2	纵向层板均为北美目测分级 No.1 或 No.2 级云杉-松-冷杉规格材；横向层板均为北美目测分级 No.3 级云杉-松-冷杉规格材

3.11　木材含水率

3.1.12　制作构件时，木材含水率应符合下列规定：

1　板材、规格材和工厂加工的方木不应大于19%。

2　方木、原木受拉构件的连接板不应大于18%。

3　作为连接件，不应大于15%。

4　胶合木层板和正交胶合木层板应为8%～15%，且同一构件各层木板间的含水率差别不应大于5%。

5　井干式木结构构件采用原木制作时不应大于25%；采用方木制作时不应大于20%；采用胶合原木木材制作时不应大于18%。

此条款为强制性条文，必须严格执行。木材含水率可按《木材含水率测定方法》GB/T 1931—2009中的烘干法测定。木材的含水率变化对其强度影响较大，当木材含水率小于纤维饱和点时，含水率越高，强度则越低（图3.3），而纤维饱和点的木材含水率因树种、温度和湿度而异，一般为23%～33%。当设计较大截面的方木、原木构件时，由于含水率沿截面内外分布的不均匀性，应适当折减其强度设计值。考虑到含水率对层板变形的影响，制作胶合木构件时，相邻层板间或单层层板接长间的含水率差别应不大于5%。控制构件制作时的含水率为了避免层板间过大的收缩变形差而产生过大的内应力。胶合木构件进场检验时，可只检验平均含水率。

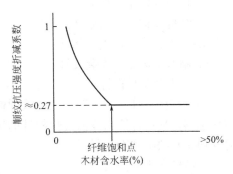

图3.3　含水率对顺纹受压强度
（花旗松）的影响

同时，应在构件存放、运输、安装和使用过程中，采取有效措施，控制其含水率变化的幅度。在结构设计文件中，应标明构件制作时和设计使用时的控制含水率。

4 基本规定

4.1 一般规定

木结构的设计计算涉及承载力和正常使用极限状态计算，还包括耐久性极限状态的构造设计。对于强度计算和稳定验算，应特别注意实际受力情况与计算假定（模型）的一致性判别。

与混凝土结构设计不同的是，木结构设计时需更多考虑材料的选用、采购和加工制作问题，要重点考虑木结构构件的防火设计，还要考虑木结构耐久性的问题。木结构的设计应包括下列内容：

1. 结构方案设计，包括结构体系选择、构件布置；
2. 材料选用及截面选择；
3. 作用及作用效应分析；
4. 结构或构件的极限状态验算；
5. 结构、构件及连接构造；
6. 制作、运输和安装设计；
7. 防火和防护设计。

在木结构设计中，一般采用一阶弹性分析与设计方法，按弹性方法计算整体结构的内力和位移，采用计算长度法确保构件的稳定，并不考虑结构的二阶效应、整体或构件的几何（初始）缺陷和木材材料的非线性。

木结构在正常使用极限状态计算时，应考虑下列变形：

1. 梁的弯曲、剪切变形，必要时考虑轴向变形；
2. 柱的弯曲、剪切、轴向变形；
3. 支撑的轴向变形；
4. 墙的弯曲、剪切、轴向、转动（由紧固件的伸长和局部承压引起）变形。

内力分析时，木结构的连接节点一般采用铰接或半刚性模型。当采用半刚性模型时，应输入假定连接的弯矩-转角曲线，相关内容可参考《标准化木结构节点技术规程》T/CECS 659—2020。节点设计时，应采取措施保证节点的构造与设计假定相符。

4.2 极限状态设计法

☙ 标准的规定

4.1.1 本标准应采用以概率理论为基础的极限状态设计法。

对标准规定的理解

按《建筑结构可靠性设计统一标准》GB 50068—2018，极限状态的分类和表现见表4.1。除抗震设计外，木结构设计应采用以概率理论为基础的极限状态设计方法，用分项系数设计表达式进行计算。在承载力极限状态设计中，对于安全等级为二级的民用木结构建筑构件，其可靠指标 β 值分别为 3.2（延性破坏的构件）和 3.7（脆性破坏的构件）。本标准不涉及木结构疲劳设计，相关内容可参考欧洲规范。

极限状态的分类和表现   表 4.1

极限状态分类	极限状态的表现
承载能力极限状态	结构构件或连接因超过强度而破坏，或因过多变形而不适于继承荷载； 整个结构或其一部分作为刚体失去平衡； 结构转变为机动体系； 结构因局部破坏而发生连续倒塌； 地基丧失承载力而破坏； 结构或结构构件的疲劳破坏
正常使用极限状态	影响正常使用或外观的变形； 影响正常使用局部损坏； 影响正常使用的振动； 影响正常使用的其他特定状态
耐久性极限状态	影响承载能力和正常使用的材料性能恶化； 影响耐久性能的裂缝、变形、缺口、外观、材料削弱等； 影响耐久性的其他特定情况

对于木结构建筑的耐久性极限状态，可采用经验方法进行设计，并应符合本标准第11章的相关规定，采取保证构件质量的预防性处理措施、减小侵蚀作用的局部环境改善措施、延缓构件出现损伤的表面防护措施和延缓材料性能劣化速度的保护措施，并宜以出现下列现象之一作为达到耐久性极限状态的标志：

1. 出现一定程度霉菌造成的腐朽；
2. 出现一定程度的虫蛀现象；
3. 发现一定程度的受（乳）白蚁侵害；
4. 胶合木结构防潮层丧失保护作用或出现脱胶现象；
5. 木结构的金属连接件出现锈蚀；
6. 构件出现翘曲、变形和节点区的干缩裂缝。

4.3 调整系数

标准的规定

4.1.6 当确定承重结构用材的强度设计值时，应计入荷载持续作用时间对木材强度的影响。

🎯 对标准规定的理解

此条款为强制性条文，必须严格执行。除木材的缺陷外，其力学性能还与众多因素有关，因此本规范对木材的强度设计值、弹性模量进行调整（表4.2）。需要注意的是，非北美地区目测分级方木、规格材、结构材和机械应力分级的规格材，仍应按本标准4.1.6进行强度设计值调整；对于方木、原木和普通胶合木的强度设计值，也应按本标准4.1.6进行强度设计值调整。

木材强度设计值、弹性模量调整 　　　　　　　　　表4.2

符号	影响因素	强度调整	弹性模量调整	备注	
K_d	荷载持续作用效应系数	本标准4.1.6	/	本标准4.3.4国产树种目测分级规格材已计入；本标准4.3.6层板胶合木已计入；本标准4.3.7北美地区目测分级方木、规格材和结构材已计入	
K_c	原木，未经切削	本标准4.3.2-1	/	顺纹抗压、抗弯	方木原木普通胶合木
K_v	矩形截面短边不小于150mm	本标准4.3.2-2	/	各向强度适用	
K_m	含水率大于25%的湿材	本标准4.3.2-3	本标准4.3.2-3	落叶松抗弯；横纹承压	
K_s	不同的使用环境（露天、高温等）	本标准4.3.9-1	本标准4.3.9-1	各向强度适用	应连乘
K_w	设计使用年限	本标准4.3.9-2	本标准4.3.9-2	各向强度适用	
K_{si}	目测分级规格材尺寸	本标准4.3.9-3	/	各向强度适用	
	规格材平放	本标准4.3.9-4	/	抗弯	
	格栅共同作用	本标准4.3.9-5	/	抗弯	
K_{sys}	规格材系统效应	本标准4.3.9-5	/	仅搁栅，抗弯	
K_l	规格材、胶合木和进口结构材的荷载比例、类型	本标准4.3.10	本标准4.3.10	与本标准4.3.9连乘；各向强度适用	
K_t	锯材、规格材刻痕加压防腐处理	本标准4.3.20	本标准4.3.20	与本标准4.3.9和4.3.10连乘；各向强度适用	

如表4.3所示，《胶规》中规定的强度和弹性模量调整与本标准略有不同。

《胶规》中规定的强度和弹性模量调整 　　　　　　　　　表4.3

层板类型	影响因素	强度调整	弹性模量调整
普通层板	使用条件 K_s	《胶规》表4.2.1-3	《胶规》表4.2.1-3
	设计使用年限 K_w	《胶规》表4.2.1-4	《胶规》表4.2.1-4
	截面 K_v	《胶规》表4.2.1-5	/
	曲线型 K_r	《胶规》式4.2.1	/

层板类型	影响因素	强度调整	弹性模量调整
目测分级；机械弹性模量分级	荷载方向 K_{ld}	《胶规》4.2.2	《胶规》4.2.2
	使用条件 K_s	《胶规》表 4.2.1-3	《胶规》表 4.2.1-3
	设计使用年限 K_w	《胶规》表 4.2.1-4	《胶规》表 4.2.1-4
	截面体积 K_v	《胶规》式 4.2.3-1	/
	截面高度 K_h	《胶规》式 4.2.3-2	/

【例题 4-1】

一直线型层板胶合木梁，截面为 175mm×380mm，长度为 4.2m，树种为花旗松-落叶松（加拿大），树种级别为 SZ1，强度等级为 TC$_T$32（按本标准）/TC$_T$24（按《胶规》），层板采用材质等级为 Ⅲ$_d$ 的目测分级层板，使用时含水率为 15%，设计使用年限为 25 年。求其在露天环境下，验算风荷载作用时（荷载作用方向垂直于层板宽度方向）调整后的抗弯强度设计值 $f_{m,d}$。

解：（1）按本标准 TC$_T$32

$f_m = 22.3\text{N/mm}^2$ 本标准表 4.3.6-3

$K_s = 0.90$ 本标准表 4.3.9-1

$K_w = 1.05$ 本标准表 4.3.9-2

$K_l = 0.91$ 本标准表 4.3.10

$f_{m,d} = K_s K_w K_l f_m = 0.90 \times 1.05 \times 0.91 \times 22.3 = 19.18 \ (\text{N/mm}^2)$

（2）按《胶规》TC$_T$24

$f_m = 24\text{N/mm}^2$ 《胶规》表 4.2.2-4

$K_s = 1.00$ 《胶规》表 4.2.1-3

$K_w = 1.05$ 《胶规》表 4.2.1-4

$K_v = 0.99$ 《胶规》式 4.2.3-1

$f_{m,d} = K_s K_w K_v f_m = 1.00 \times 1.05 \times 0.99 \times 24 = 24.95 \ (\text{N/mm}^2)$

4.4 正常使用极限状态

📖 标准的规定

4.1.9 对正常使用极限状态，结构构件应按荷载效应的标准组合，采用下列极限状态设计表达式：

$$S_d \leqslant C \tag{4.1.9}$$

式中：S_d——正常使用极限状态下作用组合的效应设计值；

C——设计对变形、裂缝等规定的相应限值。

4.3.15 受弯构件的挠度限值应按表 4.3.15 的规定采用。

受弯构件挠度限值

表 4.3.15

项次	构件类别			挠度限值$[w]$
1	檩条	$l \leqslant 3.3m$		$l/200$
		$l > 3.3m$		$l/250$
2	椽条			$l/150$
3	吊顶中的受弯构件			$l/250$
4	楼盖梁和搁栅			$l/250$
5	墙骨柱	墙面为刚性贴面		$l/360$
		墙面为柔性贴面		$l/250$
6	屋盖大梁	工业建筑		$l/120$
		民用建筑	无粉刷吊顶	$l/180$
			有粉刷吊顶	$l/240$

💡 对标准规定的理解

l 为受弯构件的跨度；对于有悬挑部分的檩条、椽条、搁栅和梁，其悬挑部分的跨度 l 应取 2 倍的悬臂长度。轻型木桁架的挠度应符合《轻型木桁架技术规范》JGJ/T 265—2012 第 4.2.2 条的规定。

对于正常使用极限状态，受弯构件的挠度验算应采用荷载标准组合，并考虑长期作用的影响。构件刚度一般可取跨中最大弯矩截面的刚度；对于原木构件的挠度计算，可取构件的中央截面。

挠度计算时，本标准中构件的短期刚度应取弹性模量设计值（平均值）。而弹性模量标准值为弹性模量的 5％分位值（表 4.4），其主要用于受压、受弯和压弯构件的稳定验算。《胶规》中"特征值"的提法，已经在本标准的修订中修改。

木材的弹性模量（N/mm²）

表 4.4

材料等级	按本标准		按《胶规》			
	设计值	标准值	平均值	5％分位值	设计值	特征值
目测分级 I_c 进口规格材 花旗松-落叶松(加拿大)	13000	7600	/	/	/	/
目测分级 I_d 层板 花旗松-落叶松(加拿大)	/	/	14000	11500	/	/
花旗松-落叶松(加拿大) 层板胶合木	$TC_T 32$ 9500	$TC_T 32$ 7900	/	/	$TC_T 24$ 9500	$TC_T 24$ 9500

需要注意的是：本标准的挠度限值是指由弯曲和剪切变形引起的总挠度限制。由于木材的剪切模量 G 一般为顺纹弹性模量 E 的 1/16，对于跨高比为 $1/10 \sim 1/20$ 的受弯构件，由剪切变形引起的挠度是弯曲变形引起的 5％～20％，故对于受弯构件，应考虑剪切变形的影响。表 4.5 给出了考虑剪切变形的挠度修正系数。

考虑剪切变形的挠度修正系数 表 4.5

简支梁受荷类型	弯曲引起的跨中挠度	剪切变形的挠度修正系数
矩形等截面 均布荷载 q	$\dfrac{5ql^4}{32Ebh^3}$	$1+0.96\left(\dfrac{E}{G}\right)\left(\dfrac{h}{l}\right)^2$
矩形等截面 跨中集中力 P	$\dfrac{P}{4Eb}\left(\dfrac{l}{h}\right)^3$	$1+1.2\left(\dfrac{E}{G}\right)\left(\dfrac{h}{l}\right)^2$

注:通常取 $E/G=16$。

设计建议

1. 挠度计算时,可计入构件制作、安装时的起拱 w_c。

2. 在制作胶合木桁架时,可按其跨度的 1/200 起拱;对于较大跨度的胶合木梁,可按恒载作用下,以短期刚度计算挠度的 1.5 倍起拱。

3. 当考虑木材徐变变形 w_{creep},构件的最终挠度 $w_{net,fin}$ 可按短期刚度计算的挠度 w_{inst} 适当放大,如图 4.1 所示。

4. 验算人行桥的挠度时,其最终挠度限值可取 $l/400$,l 为跨度。

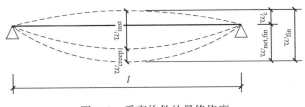

图 4.1 受弯构件的最终挠度

4.5 层间位移角

标准的规定

4.1.10 风荷载和多遇地震作用时,木结构建筑的水平层间位移不宜超过结构层高的 1/250。

对标准规定的理解

此处的弹性层间位移角限值适用于本标准适用范围内的方木原木结构、胶合木结构和轻型木结构,而在《多木标》和《装配式木标》中,则对轻型木结构和其他纯木结构的弹性层间位移角做了区分。相较轻钢龙骨体系结构(表 4.6),轻型木结构在地震作用下,具有更好的耗能机制,故其弹性层间位移角的限值是合理的。

木结构和轻钢龙骨体系结构层间位移角的限值 表 4.6

结构类型	弹性层间位移角	弹塑性层间位移角
轻型木结构	≤1/250	≤1/30

续表

结构类型	弹性层间位移角	弹塑性层间位移角
其他纯木结构(多高层)①	≤1/350	≤1/50
低层冷弯薄壁型钢结构②	≤1/300	≤1/100
轻型钢框架体系结构③	≤1/300～1/200	≤1/50

① 按《多木标》。
② 按《低层冷弯薄壁型钢房屋建筑技术规程》JGJ 227—2011。
③ 按上海市《轻型钢结构技术规程》DG/T J08—2089—2012。

轻型木结构的侧向变形特征为弯曲-剪切型,而木框架结构(半刚接节点)则为剪切型,正交胶合木剪力墙结构则为弯曲型,各类木结构结构的层间位移角取同一限值,值得商榷。建议参考轻钢结构,当非结构构件(围护、填充墙)采用木骨架组合墙体时,可适当放宽木框架结构(半刚接节点)的层间位移角限制。同时,对于剪力墙作为主要抗侧构件的木框架-剪力墙结构,其顶部水平位移仅考虑剪力墙自身的剪切变形,其层间位移角的控制应比轻型木结构严格,可取 1/300;对于正交胶合木剪力墙结构可按 1/350 控制。

4.6　水平力分配

🔍 标准的规定

4.1.11　木结构建筑的楼层水平作用力宜按抗侧力构件的从属面积或从属面积上重力荷载代表值的比例进行分配。此时水平作用力的分配可不考虑扭转影响,但是对较长的墙体宜乘以 1.05～1.10 的放大系数。

🔍 对标准规定的理解

木结构中的楼(屋)盖一般采用轻型木结构的楼板构件,即由木搁栅和覆面板等组成。当无现浇混凝土层时,这类楼(屋)盖平面刚度较小,无法满足楼板刚性假定,故宜按从属面积来分配水平力。当采用正交胶合木(Cross Laminated Timber)作为楼板时,且楼板间有可靠连接来确保刚性时,可按抗侧力构件等效刚度的比例分配。

对于规则的木结构可不进行扭转耦联计算,由于较长的墙体具有相对较大的抗侧刚度,实际分配到的水平力可能大于按从属面积分配的;同时较长墙沿墙长方向剪力分布不均匀,故此处对较长墙体分配到的水平力进行放大,此处较长墙体是指墙长大于 4.5m 的剪力墙。

4.7　风荷载作用调整

🔍 标准的规定

4.1.12　风荷载作用下,轻型木结构的边缘墙体所分配到的水平剪力宜乘以 1.2 的调整系数。

⚠ 对标准规定的理解

此条款源自上海市《轻型木结构建筑技术规程》DG/T J08—2059—2009 第 5.3.5 条，其条文说明为："风荷载作用下，轻型木结构房屋在封闭状态下的变形如箱形结构的变形。因此，需对边缘墙体进行仔细分析，采用 1.2 的调整系数以考虑箱形结构变形角部应力的影响。"此条款的实质是考虑筒体结构的"剪力滞后"现象（图 4.2）。对于倒三角和均布水平荷载作用下，这种现象是沿结构高度变化的，底部为正剪力滞后，中部以上变号，接近顶部为负剪力滞后。建筑平面外形是影响剪力滞后的一个重要因素，应避免长宽比过大的建筑平面。在实际工程中，对于轻型木结构角部墙体的木龙骨的受压及地梁板横纹承压和抗拔紧固件抗拉承载力验算，可按风荷载作用全楼放大 1.2 倍，进行包络设计。

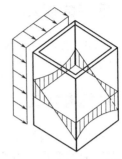

图 4.2 箱形结构（筒体）
的剪力滞后

4.8 胶缝质量

⚠ 标准的规定

4.1.14 承重结构用胶必须满足结合部位的强度和耐久性的要求，应保证其胶合强度不低于木材顺纹抗剪和横纹抗拉的强度，并应符合环境保护的要求。

⚠ 对标准规定的理解

此条款为强制性条文，必须严格执行。胶合结构的承载能力首先取决于胶的强度及其耐久性。因此，对胶的质量要有严格的要求：

1. 应保证胶缝的强度不低于木材顺纹抗剪和横纹抗拉的强度。因为不论在荷载作用下或由于木材胀缩引起的内力，胶缝主要是受剪应力和垂直于胶缝方向的正应力作用。一般说来，胶缝对压应力的作用总是能够胜任的。因此，关键在于保证胶缝的抗剪和抗拉强度。当胶缝的强度不低于木材顺纹抗剪和横纹抗拉强度时，就意味着胶连接的破坏基本上沿着木材部分发生，这也就保证了胶连接的可靠性。

2. 应保证胶缝工作的耐久性。胶缝的耐久性取决于它的抗老化能力和抗生物侵蚀能力。因此，主要要求胶的抗老化能力应与结构的用途和使用年限相适应。但为了防止使用变质的胶，故提出对每批胶均应经过胶结能力的检验，合格后方可使用。

3. 所有胶种必须符合有关环境保护的规定。对于新的胶种，在使用前必须提出经过主管机关鉴定合格的试验研究报告为依据，通过试点工程验证后，方可逐步推广应用。同时，根据不同的使用环境，结构用胶应满足《集成材》《结构用集成材生产技术规程》GB/T 36872—2018 和《胶规》中的相关规定。

4.9 抗震验算

🔖 标准的规定

4.2.6 当轻型木结构建筑进行抗震验算时，水平地震作用可采用底部剪力法。相应于结构基本自振周期的水平地震影响系数 a_1 可取水平地震影响系数最大值。

🔖 对标准规定的理解

底部剪力法适用于：结构的质量和刚度沿高度分布比较均匀，结构在地震运动作用下的变形以剪切变形为主的建筑。轻型木结构中的木基剪力墙的侧向变形主要是弯曲-剪切组合变形，类似于钢筋混凝土框架剪力墙结构，一般采用底部剪力法来进行水平地震作用的计算，该方法首先需确定结构的自振周期，可按 2005 年版第 9.2.2 条采用经验公式来估算自振周期。从表 4.7 可以看出，轻型木结构建筑自振周期的估算公式均仅与建筑高度有关。

轻型木结构建筑的自振周期估算公式　　　　　　　　　　　　　　　表 4.7

自振周期 T(s)	2005 年版和加拿大规范	美国抗震性能化评价方法 FEMA 273
	$T=0.05H^{0.75}$ H 为基础顶面到建筑物最高点的高度(m)	$T=C_tH^{0.75}$ C_t 为常数,对轻型木结构取 0.06

根据国内有关研究单位对模拟地震振动台的试验结果，轻型木结构的基本自振周期与剪力墙刚度、激振程度及扭转等因素密切相关，仅考虑房屋的高度是不够的；采用 2005 年版第 9.2.2 条的规定所得周期小于结构的实测基本自振周期，且随着抗侧剪力墙长度的减小、激振程度的增大、结构不对称性的增强等两者差值不断增大。因此，本标准建议对于 3 层及以下轻型木结构房屋的地震影响系数直接取最大值。

4.10 抗震相关参数

🔖 标准的规定

4.2.9 木结构建筑的地震影响系数应根据烈度、场地类别、设计地震分组和结构自振周期以及阻尼比按现行国家标准《建筑抗震设计规范》GB 50011 的相关规定确定。木结构建筑地震作用计算阻尼比可取 0.05。

🔖 对标准规定的理解

各标准对阻尼比的规定略有不同（表 4.8）。

木结构的阻尼比 表 4.8

标准 规范	本标准	《多木标》 《装配式木标》	《工程木结构设计规范》 DG/TJ 08—2192—2016
多遇地震	0.05	纯木：0.03 混合：位能等效原则计算	纯木：0.03 混合：0.03/0.05
罕遇地震	/	纯木：0.05 混合：位能等效原则计算	纯木：0.05

设计建议

1. 对于 3 层及以下的轻型木结构，计算多遇地震作用的阻尼比可取 0.05；地震影响系数 a_1 应取 a_{max}。

2. 对于木框架剪力墙结构，计算多遇地震作用的阻尼比可取 0.05；地震影响系数 a_1 由自振周期等确定，自振周期可按表 4.2.6 估算。

3. 对于胶合木框架（支撑）、梁柱式木结构，计算多遇地震作用的阻尼比可取 0.03，地震影响系数 a_1 由自振周期等确定，自振周期可按能量法计算确定。

4. 对于混合结构，可按材料、结构体系，分别指定相应的阻尼比，进行抗震设计。地震影响系数 a_1 由自振周期等确定，自振周期可由模态分析确定。

5. 对于各类木结构，计算罕遇地震作用的阻尼比可取 0.05，并可计入附加阻尼。

6. 古建筑木结构基本自振周期可按《古建筑木结构维护与加固技术标准》GB/T 50165—2020 附录 H 中的相关规定近似计算。

4.11 抗震调整系数

标准的规定

4.2.10 木结构建筑进行构件抗震验算时，承载力抗震调整系数 γ_{RE} 应符合表 4.2.10 的规定。当仅计算竖向地震作用时，各类构件的承载力抗震调整系数 γ_{RE} 均应取为 1.0。

承载力抗震调整系数 表 4.2.10

构件名称	系数 γ_{RE}	构件名称	系数 γ_{RE}
柱、梁	0.80	木基结构板剪力墙	0.85
各类构件（偏拉、受剪）	0.85	连接件	0.90

对标准规定的理解

需要注意的是，本标准进行抗震截面验算时，构件按稳定和强度均应采用同一承载力调整系数 γ_{RE}。承载力调整系数 γ_{RE} 在实际工程应用的进一步说明见本书"9.2 受剪承载力"。

设计建议

1. 对于柱、梁和各类构件的承载力抗震调整系数，按强度、稳定验算时，均应按表4.2.10 的规定选取。

2. 支撑的承载力抗震调整系数可按柱选取。

3. 对于轻型木结构中的木基剪力墙，在验算墙骨柱的强度、稳定时，其承载力抗震调整系数应取 0.85。

4.12 大跨度及长悬臂

标准的规定

4.2.10 对于抗震设防烈度为 8 度、9 度时的大跨度及长悬臂胶合木结构，应按现行国家标准《建筑抗震设计规范》GB 50011 的规定进行竖向地震作用下的验算。

对标准规定的理解

参考《建筑抗震设计规范（2016 年版）》GB 50011—2010 中关于混凝土框架的相关定义，本标准中的"大跨度"和"长悬臂"分别指：跨度大于 18m 和悬挑长度大于 2m 的胶合木构件。

4.13 斜纹强度

标准的规定

4.3.3 木材斜纹承压的强度设计值，可按下列公式确定：

当 $\alpha < 10°$ 时：

$$f_{c\alpha} = f_c \tag{4.3.3-1}$$

当 $10° < \alpha < 90°$ 时：

$$f_{c\alpha} = \left[\frac{f_c}{1 + \left(\dfrac{f_c}{f_{c,90}} - 1 \right) \dfrac{\alpha - 10°}{80°} \sin\alpha} \right] \tag{4.3.3-2}$$

式中：$f_{c\alpha}$——木材斜纹承压的强度设计值（N/mm²）；

$\quad\quad \alpha$——作用力方向与木纹方向的夹角（°）；

$\quad\quad f_c$——木材的顺纹抗压强度设计值（N/mm²）；

$\quad\quad f_{c,90}$——木材的横纹承压强度设计值（N/mm²）。

对标准规定的理解

当 $\alpha = 10°$ 时，木材斜纹承压强度应取 $f_{c,10} = f_c$。当木材的顺纹方向与荷载方向不平行时，其承压强度应按本标准第4.3.3条确定。以目测分级等级为 I_c 的云杉-松-冷杉规格材为例，调整前的顺纹受压强度设计值 f_c 为13.4 N/mm²，横纹承压强度设计值 $f_{c,90}$ 为4.9 N/mm²，其30°、60°的斜纹承压强度设计值可按表4.9计算。

木材斜纹承压强度 表4.9

图示	算例
	1-1 剖面，$a=60°$： $$f_{c60°} = \frac{f_c}{1 + \left(\frac{f_c}{f_{c,90}} - 1\right)\frac{60° - 10°}{80°}\sin 60°} = 6.91\text{N/mm}^2$$
	2-2 剖面，$a=30°$： $$f_{c30°} = \frac{f_c}{1 + \left(\frac{f_c}{f_{c,90}} - 1\right)\frac{30° - 10°}{80°}\sin 30°} = 11.01\text{N/mm}^2$$
	3-3 剖面，$a=0°$：$f_c = 13.4\text{N/mm}^2$

4.14 胶合木强度

🖐 标准的规定

4.3.5 制作胶合木采用的木材树种级别、适用树种及树种组合应符合表4.3.5的规定。

4.3.6 采用目测分级和机械弹性模量分级层板制作的胶合木的强度设计指标值应按下列规定采用：

1 胶合木应分为异等组合与同等组合二类，异等组合应分为对称异等组合与非对称异等组合。

2 胶合木强度设计值及弹性模量应按表4.3.6-1、表4.3.6-2和表4.3.6-3的规定取值。

3 胶合木构件顺纹抗剪强度设计值应按表4.3.6-4的规定取值。

4 胶合木构件横纹承压强度设计值应按表4.3.6-5的规定取值。

4.3.7 进口北美地区目测分级方木、规格材和结构材的强度设计值及弹性模量，应按本标准附录D的规定采用。

4.3.8 承重结构用材强度标准值及弹性模量标准值，均应按本标准附录E的规定采用。

🖐 对标准规定的理解

第4.3.6条为强制性条文，必须严格执行。在满足平截面假定的前提下，对于同等组合和对称异等组合的层板胶合木受弯构件，其形心轴与中和轴重合；对于非对称异等组合，则不重合。在异等组合层板胶合木中，最外侧或受拉侧层板通常会采用强度等级相对较高的层板，由于弹性模量的变化，就会引起对应位置弯曲应力的突变（图4.3）。当采用非对称异等组合的胶合木组坯时，应在设计文件中标明使用方向。

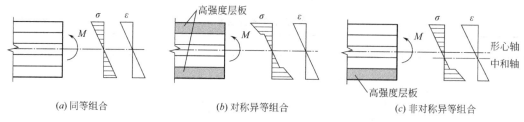

(a) 同等组合　　　　　　　*(b)* 对称异等组合　　　　　　　*(c)* 非对称异等组合

图4.3　层板胶合木弯曲应力（σ）和应变（ε）分布

在层板胶合木组坯设计时，需要强调的是：目测分级等级为 $I_c \sim IV_c$ 的规格材不能直接作为层板胶合木的层板，因为其强度指标相对于目测分级等级为 $I_d \sim III_d$ 的层板，存在较大差异（表4.10）。但目测分级的规格材可以制作普通胶合木构件，其强度设计值和弹性模量可按《胶规》表4.2.1-2取值。

花旗松-落叶松（加拿大）的强度指标值（N/mm²）　　　　表4.10

强度指标	目测分级等级 I_c 对应北美规格材 等级 SS 级		层板胶合木的层板 目测分级等级 III_d 按《胶规》		层板胶合木 强度等级 TC_T32 按本标准	
	标准值	设计值	平均值	5%分位值	标准值	设计值
抗弯强度	24.4	14.8	45.5	34	32	22.3
抗拉强度	13.3	6.7	26.5×0.9[①]	20×0.9[①]	23	14.2
弹性模量	7600	13000	11000	9500	7900	9500

① 0.9为层板宽度抗拉强度调整系数。

设计建议

1. 不应直接采用任何目测分级等级的规格材（$I_c \sim IV_c$）作为层板，制作层板胶合木构件。

2. 可采用目测分级等级 I_c 的规格材作为层板，制作普通胶合木构件，其强度等级应为 TC15A［花旗松-落叶松（加拿大）］或 TC11A（云杉-松-冷杉）。

3. 宜采用经机械分级的层板材制作层板胶合木构件。

4. 对于采用目测分级等级为 I_d、II_d、III_d 的花旗松-落叶松（加拿大）树种级别为 SZ1 作为层板的层板胶合木构件，且采用同等组合时，其最低强度等级可取 TC_T32（表4.11）。

5. 对于采用目测分级等级为 I_d、II_d、III_d 的云杉-松-冷杉，树种级别为 SZ4 作为层板的层板胶合木构件，且采用同等组合时，其最高强度等级可取 TC_T28（表4.11）。

同等组合层板胶合木的层板材质要求　　　　　　表 4.11

强度等级	目测分级		机械弹性模量分级
	花旗松-落叶松(加拿大) 树种级别 SZ1	云杉-松-冷杉 树种级别 SZ4	
TC$_{T40}$	I$_d$	/	M$_E$14
TC$_{T36}$	II$_d$	/	M$_E$12
TC$_{T32}$	III$_d$	/	M$_E$11
TC$_{T28}$	/	I$_d$	M$_E$10
TC$_{T24}$	/	II$_d$	M$_E$9

4.15　横纹抗拉强度

标准的规定

4.3.13　对于承重结构用材的横纹抗拉强度设计值可取其顺纹抗剪强度设计值的1/3。

对标准规定的理解

木材抵抗垂直于纤维方向（顺纹）的最大拉伸应力称为横纹抗拉强度，由于木材细胞横向连接很弱，其强度是木材各向力学强度中最小的。以材质等级为 I$_c$ 的云杉-松-冷杉规格材为例，其调整前的顺纹抗剪强度设计值 f_v 为 1.4N/mm^2，而其横纹抗拉强度设计值 $f_{t,90}$ 为 0.47N/mm^2，在设计中应避免木材处于横纹受拉的状态。当设计如图 4.4 所示的双坡梁时，就需要注意由弯矩引起的木材横纹受拉问题，并采取相应的补强措施，如使用自攻螺钉、植筋补强。

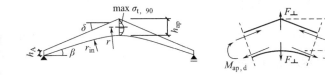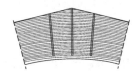

图 4.4　双坡梁的木材横纹拉应力（$\sigma_{t,90}$）分布和自攻螺钉补强

4.16　长细比

标准的规定

4.3.17　受压构件的长细比限值应按表 4.3.17 的规定采用。

对标准规定的理解

受压构件长细比限值的规定，主要是为了从构造上采取措施，以避免单纯依靠计算，使得构件截面过小而造成刚度不足。表 4.12 给出了加拿大规范和欧洲规范对受压构件的允许长细比，对于受拉构件的长细比不做限制，其中本标准的主要构件是指轴心受压柱和桁架中的弦杆、支座处的腹杆或斜杆以及承重柱等，但本标准未明确"一般构件"的定义。

受压构件的允许长细比   表 4.12

本标准		加拿大规范		欧洲规范
主要构件	120	锯材	173	
一般构件	150	胶合木	173	170
支撑	200	正交胶合木	150	

4.17 原木直径

标准的规定

4.3.18 标注原木直径时，应以小头为准。原木构件沿其长度的直径变化率，可按每米 9mm 或当地经验数值采用。验算挠度和稳定时，可取构件的中央截面；验算抗弯强度时，可取弯矩最大处截面。

对标准规定的理解

树干在生长过程中直径从根部至梢部逐渐变小，为平缓的圆锥体，具有天然的斜率。原木选材时，对其尖梢度有要求，一般规定其斜率不超过 0.9%，否则将影响其使用。当验算挠度和稳定时，构件中央截面的直径 $d_{中}$ 可按下式计算：

$$d_{中} = d_{标} + \frac{l}{2} \times \frac{9}{1000} \tag{4.1}$$

式中：$d_{标}$——原木直径（标注直径），按小头（mm）；

l——原木构件长度（mm）。

5 构件计算

5.1 轴心受拉

标准的规定

5.1.1 轴心受拉构件的承载能力应按下式验算：

$$\frac{N}{A_n} \leqslant f_t \tag{5.1.1}$$

式中：f_t——构件材料的顺纹抗拉强度设计值（N/mm²）；

N——轴心受拉构件拉力设计值（N）；

A_n——受拉构件的净截面面积（mm²），计算 A_n 时应扣除分布在 150mm 长度上的缺孔投影面积。

对标准规定的理解

轴心受拉构件的承载力一般由存在连接件的（最不利）截面控制，设计时应注意螺栓数量及排布。当计算净截面面积 A_n 时，应将分布在 150mm 长度上的槽、孔和缺口投影在同一截面上扣除。

【例题 5-1】

一直线型层板胶合木构件，截面为 80mm × 152mm，树种为花旗松-落叶松（加拿大），树种级别为 SZ1，强度等级为 TC_T32（按本标准），层板采用材质等级为 III_d 的目测分级层板，含水率为 15%；安全等级为二级，设计使用年限为 25 年，风荷载作用下的轴心拉力设计值为 5kN（已计入设计使用年限的荷载调整系数），孔槽尺寸如图 5.1 所示，要求验算其在露天环境下的受拉承载力。

解： TC_T32　$f_t = 14.2N/mm^2$　本标准表 4.3.6-3

露天环境　$K_s = 0.9$　本标准表 4.3.9-1

使用年限　$K_w = 1.05$　本标准表 4.3.9-2

风荷载　$K_1 = 0.91$　本标准表 4.3.10

调整后　$f_t = K_s K_w K_1 f_t = 0.9 \times 1.05 \times 0.91 \times$

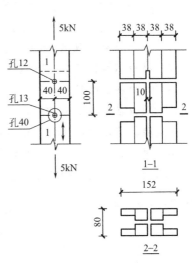

图 5.1　孔槽尺寸（mm）

14.2＝12.2N/mm²

　　轴心拉力　$N=5$kN

　　截面面积　$A=80\times152=12160$（mm²）

　　孔面积　$A_1=13\times76=988$（mm²）

　　扩孔面积　$A_2=2\times40\times38=3040$（mm²）

　　槽面积　$A_3=10\times(80-13)=670$（mm²）

　　净面积　$A_n=A-A_1-A_2-A_3=12160-988-3040-670=7462$（mm²）

$\dfrac{N}{A_n}=\dfrac{5000}{7462}=0.7$（N/mm²）$\leqslant f_t=12.2$（N/mm²）　　满足

5.2　轴心受压

标准的规定

5.1.2　轴心受压构件的承载能力应按下列规定进行验算：

1　按强度验算时，应按下式验算：

$$\frac{N}{A_n}\leqslant f_c \tag{5.1.2-1}$$

2　按稳定验算时，应按下式验算：

$$\frac{N}{\varphi A_0}\leqslant f_c \tag{5.1.2-2}$$

式中：f_c——构件材料的顺纹抗压强度设计值（N/mm²）；

　　　N——轴心受压构件压力设计值（N）；

　　　A_n——受压构件的净截面面积（mm²）；

　　　A_0——受压构件截面的计算面积（mm²），应按本标准第5.1.3条的规定确定；

　　　φ——轴心受压构件稳定系数，应按本标准第5.1.4条的规定确定。

5.1.3　按稳定验算时受压构件截面的计算面积，应按下列规定采用：

1　无缺口时，取$A_0=A$，A为受压构件的全截面面积；

2　缺口不在边缘时，取$A_0=0.9A$；

3　缺口在边缘且为对称时，取$A_0=A_n$；

4　缺口在边缘但不对称时，取$A_0=A_n$，且应按偏心受压构件计算；

5　验算稳定时，螺栓孔可不作为缺口考虑；

6　对于原木应取平均直径计算面积。

5.1.4　轴心受压构件稳定系数φ的取值应按下列公式确定：

$$\lambda_c=c_c\sqrt{\frac{\beta E_k}{f_{ck}}} \tag{5.1.4-1}$$

$$\lambda=\frac{\lambda_0}{i} \tag{5.1.4-2}$$

当$\lambda>\lambda_c$时

$$\varphi = \frac{a_c \pi^2 \beta E_k}{\lambda^2 f_{ck}} \qquad (5.1.4\text{-}3)$$

当 $\lambda \leqslant \lambda_c$ 时

$$\varphi = \frac{1}{1 + \dfrac{\lambda^2 f_{ck}}{b_c \pi^2 \beta E_k}} \qquad (5.1.4\text{-}4)$$

式中： λ——受压构件长细比；

i——构件截面的回转半径（mm）；

l_c——受压构件的计算长度（mm），应按本标准第5.1.5条的规定确定；

f_{ck}——受压构件材料的抗压强度标准值（N/mm²）；

E_k——构件材料的弹性模量标准值（N/mm²）；

a_c、b_c、c_c——材料相关系数，应按表5.1.4的规定取值；

β——材料剪切变形相关系数，应按表5.1.4的规定取值。

相关系数的取值   表5.1.4

构件材料		a_c	b_c	c_c	β	E_k/f_{ck}
方木原木	TC15、TC17、TB20	0.92	1.96	4.13	1.00	330
	TC11、TC13、TB11 TB13、TB15、TB17	0.95	1.43	5.28		300
规格材、进口方木和进口结构材		0.88	2.44	3.68	1.03	按本标准附录E的规定采用
胶合木		0.91	3.69	3.45	1.05	

5.1.5 受压构件的计算长度应按下式确定：

$$l_0 = k_l l \qquad (5.1.5)$$

式中： l_0——计算长度；

l——构件实际长度；

k_l——长度计算系数，按失稳模式分别取0.65、0.8、1.2、1.0、2.1和2.4。

💡 对标准规定的理解

表5.1给出了轴心受压构件稳定验算时所需的常用计算参数。

轴心受压构件稳定验算时所需的常用计算参数   表5.1

构件材料、等级		c_c	β	E_k/f_{ck}	λ_c
方木原木	TC15、TC17、TB20	4.13	1.00	330	75.0
	TC11、TC13、TB11 TB13、TB15、TB17	5.28	1.00	300	91.5
目测分级规格材 云杉-松-冷杉	I_c	3.68	1.03	330	67.8
	II_c	3.68	1.03	353	70.2
	III_c	3.68	1.03	357	70.5

构件材料、等级		c_c	β	E_k/f_{ck}	λ_c
层板胶合木 花旗松-落叶松 (加拿大)	TC_T32	3.45	1.05	293	60.5
	TC_T36	3.45	1.05	307	61.9
	TC_T40	3.45	1.05	315	62.7

【例题 5-2】

一花旗松-落叶松（TC15A）原木柱，含水率为 20%，小头直径为 100mm（未经切削）；安全等级为二级，设计使用年限为 50 年，正常使用环境下的轴心压力设计值 N 为 20kN（有雪荷载），长度 l 为 3.2m，两端铰接，柱在长度中点位置有一个直径 d 为 16mm 的螺栓孔（无螺栓），要求分别按强度和稳定验算其轴心受压承载力。

解：（1）按强度

小头直径 $d_{标}=100\text{mm}$

中点直径 $d_{中}=d_{标}+l/2\times9/1000$ 本标准 4.3.18

       $=100+3200/2\times9/1000=114$（mm）

小头截面积 $A_{标}=7850\text{mm}^2$

中点截面积 $A_{中}=10274\text{mm}^2$

中点净截面积 $A_{中n}=A_{中}-d_{中}\times d$

        $=10274-114\times16=8450$（mm²）

构件净截面积 $A_n=\min\,(A_{标},\,A_{中n})=\min\,(7850,\,8450)=7850$（mm²）

花旗松-落叶松 $f_c=13\text{N/mm}^2$ 本标准表 4.3.1-3

（TC15A）

未经切削 $K_c=1.15$ 本标准 4.3.2

调整后 $f_c=K_c f_c=1.15\times13=15$（N/mm²）

验算： $\dfrac{N}{A_n}=\dfrac{20000}{7850}=2.5$（N/mm²）$<f_c=15$（N/mm²）   满足

（2）按稳定

小头直径 $d_{标}=100\text{mm}$

平均直径 $d_{平}=d_{标}+(l/2)\times9/1000$ 本标准 4.3.18

       $=100+3200/2\times9/1000=114$（mm）

计算面积 $A_0=A_{中}=10274\text{mm}^2$ 本标准 5.1.3-6

长度计算系数 $k_1=1.0$ 本标准表 5.1.5

计算长度 $l_0=k_1 l=1.0\times3200=3200$（mm）   本标准式 5.1.5

回转半径 $i=0.25 d_{平}=0.25\times114=28.5$（mm）

长细比 $\lambda=l_0/i=3200/28.5=112<[\lambda]=120$ 本标准 4.3.17

相关系数 $a_c=0.92$；$b_c=1.96$；$c_c=4.13$；

     $\beta=1.00$；$E_k/f_{ck}=330$ 本标准表 5.1.4

长细比判定 $\lambda=112>\lambda_c=c_c\sqrt{\dfrac{\beta E_k}{f_{ck}}}$

$$=4.13\sqrt{1.0\times330}=75 \qquad \text{本标准式 5.1.4-1}$$

稳定系数 $\qquad \varphi=\dfrac{a_c\pi^2\beta E_k}{\lambda^2 f_{ck}}$

$$=\dfrac{0.92\times3.14^2\times1.0\times330}{112^2}=0.24 \qquad \text{本标准式 5.1.4-3}$$

验算: $\qquad \dfrac{N}{\varphi A_0}=\dfrac{20000}{0.24\times10274}=8.1\ (N/mm^2)<f_c=15\ (N/mm^2) \qquad$ 满足

5.3 受弯

🔔 标准的规定

5.2.1 受弯构件的受弯承载能力应按下列规定进行验算:

1 按强度验算时,应按下式验算:

$$\frac{M}{W_n}\leqslant f_m \tag{5.2.1-1}$$

2 按稳定验算时,应按下式验算:

$$\frac{M}{\varphi_l W_n}\leqslant f_m \tag{5.2.1-2}$$

式中: f_m——构件材料的抗弯强度设计值 (N/mm^2);

$\quad M$——受弯构件弯矩设计值 $(N\cdot mm)$;

$\quad W_n$——受弯构件的净截面抵抗矩 (mm^3);

$\quad \varphi_l$——受弯构件的侧向稳定系数,应按本标准第 5.2.2 条和第 5.2.3 条确定。

5.2.2 受弯构件的侧向稳定系数 φ_l 应按下列公式计算:

$$\lambda_m=c_m\sqrt{\frac{\beta E_k}{f_{mk}}} \tag{5.2.2-1}$$

$$\lambda_B=\sqrt{\frac{l_e h}{b^2}} \tag{5.2.2-2}$$

当 $\lambda_B>\lambda_m$ 时

$$\varphi_l=\frac{a_m\beta E_k}{\lambda_B^2 f_{mk}} \tag{5.2.2-3}$$

当 $\lambda_B\leqslant\lambda_m$ 时

$$\varphi_l=\frac{1}{1+\dfrac{\lambda_B^2 f_{mk}}{b_m\beta E_k}} \tag{5.2.2-4}$$

式中: $\quad E_k$——构件材料的弹性模量标准值 (N/mm^2);

$\quad f_{mk}$——受弯构件材料的抗弯强度标准值 (N/mm^2);

$\quad \lambda_B$——受弯构件的长细比,不应大于50;

$\quad b$——受弯构件的截面宽度 (mm);

h——受弯构件的截面高度（mm）；

a_m、b_m、c_m——材料相关系数，应按表5.2.2-1的规定取值；

l_e——受弯构件计算长度，应按表5.2.2-2的规定采用；

β——材料剪切变形相关系数，应按表5.2.2-1的规定取值。

相关系数的取值   表5.2.2-1

构件材料		a_m	b_m	c_m	β	E_k/f_{mk}
方木原木	TC15、TC17、TB20	0.7	4.9	0.9	1.00	220
	TC11、TC13、TB11 TB13、TB15、TB17					220
规格材、进口方木和进口结构材		0.7	4.9	0.9	1.03	按本标准附录E的规定采用
胶合木		0.7	4.9	0.9	1.05	

受弯构件的计算长度   表5.2.2-2

梁的类型和荷载情况	荷载作用在梁的部位		
	顶部	中部	底部
简支梁，两端相等弯矩	$l_e=1.00l_u$		
简支梁，均匀分布荷载	$l_e=0.95l_u$	$l_e=0.90l_u$	$l_e=0.85l_u$
简支梁，跨中一个集中荷载	$l_e=0.80l_u$	$l_e=0.75l_u$	$l_e=0.70l_u$
悬臂梁，均匀分布荷载	$l_e=1.20l_u$		
悬臂梁，在悬端一个集中荷载	$l_e=1.70l_u$		
悬臂梁，在悬端作用弯矩	$l_e=2.00l_u$		

注：表中 l_u 为受弯构件两个支撑点之间的实际距离。当支座处有侧向支撑而沿构件长度方向无附加支撑时，l_u 为支座之间的距离；当受弯构件在构件中间点以及支座处有侧向支撑时，l_u 为中间支撑与端支座之间的距离。

5.2.3 当受弯构件的两个支座处设有防止其侧向位移和侧倾的侧向支承，并且截面的最大高度对其截面宽度之比以及侧向支承满足下列规定时，侧向稳定系数 φ_l 应取为1：

1 $h/b \leqslant 4$ 时，中间未设侧向支承；

2 $4 < h/b \leqslant 5$ 时，在受弯构件长度上有类似檩条等构件作为侧向支承；

3 $5 < h/b \leqslant 6.5$ 时，受压边缘直接固定在密铺板上或直接固定在间距不大于610mm的搁栅上；

4 $6.5 < h/b \leqslant 7.5$ 时，受压边缘直接固定在密铺板上或直接固定在间距不大于610mm的搁栅上，并且受弯构件之间安装有横隔板，其间隔不超过受弯构件截面高度的8倍；

5 $7.5 < h/b \leqslant 9$ 时，受弯构件的上下边缘在长度方向上均有限制侧向位移的连续构件。

对标准规定的理解

受弯构件的侧向稳定系数 φ_l 是基于两个支座处均设有防止其侧向位移和侧倾的侧向支承（图5.2）的计算假定。表5.2给出了受弯构件稳定验算时所需的常用计算参数。

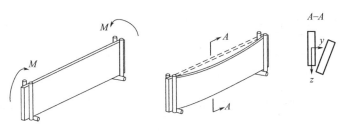

图 5.2 受弯构件支座处的侧向支承

受弯构件稳定验算时所需的常用计算参数   表 5.2

构件材料、等级		c_m	β	E_k/f_{mk}	λ_m
方木原木		0.9	1.00	220	13.3
目测分级规格材 云杉-松·冷杉	I_c	0.9	1.03	281	15.3
	II_c	0.9	1.03	366	17.5
	III_c	0.9	1.03	352	17.1
层板胶合木 花旗松-落叶松 （加拿大）	TC_T32	0.9	1.05	247	14.5
	TC_T36	0.9	1.05	256	14.8
	TC_T40	0.9	1.05	260	14.9

　　横撑（图 5.3a）、剪刀撑（图 5.3b）可视为受弯构件沿跨度方向的上下边缘在长度方向上均有限制侧向位移的连续构件。

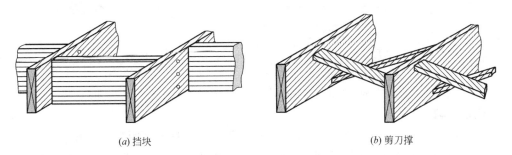

(a) 挡块   (b) 剪刀撑

图 5.3 受弯构件沿跨度方向的侧向支承

【例题 5-3】

　　一东北落叶松（TC17B）原木檩条（未经切削），跨度 l 为 3m，含水率为 20%，标注直径 $d_标$ 为 100mm。该檩条处于正常使用条件，安全等级为二级，设计使用年限为 50 年，其顶部作用的均布荷载设计值 q 为 2 kN/m，支座处有侧向支撑，要求分别按强度和稳定验算其受弯承载力。

解：（1）按强度

小头直径　　　　$d_标 = 100$ mm

跨中直径　　　　$d_中 = d_标 + l/2 \times 9/1000 = 100 + 3000/2 \times 9/1000 = 113.5$（mm）

净截面抵抗矩　　$W_n = 1/32 \times 3.14 \times 113.5^3 = 1.4 \times 10^5$（mm³）

东北落叶松　　　$f_m = 17$ N/mm²   本标准表 4.3.1-3

TC17B

未经切削	$K_c = 1.15$		本标准 4.3.2
调整后	$f_m = K_c f_m = 1.15 \times 17 = 19.6$（N/mm²）		
跨中弯矩	$M = ql^2/8 = 2 \times 3^2/8 = 2.3$（kN·m）		

验算：$\dfrac{M}{W_n} = \dfrac{2.3 \times 10^6}{1.4 \times 10^5} = 16.4$（N/mm²）$< f_m = 19.6$（N/mm²）　满足

（2）按稳定

支座距离	$l_u = 3000$mm	本标准表 5.2.2-2
计算长度	$l_e = 0.95 l_u = 0.95 \times 3000 = 2850$（mm）	本标准表 5.2.2-2

长细比　$\lambda_B = \sqrt{\dfrac{l_e h}{b^2}} = \sqrt{\dfrac{2850 \times 113.5}{113.5^2}} = 5.0 < 50$　　本标准式 5.2.2-2

相关系数　$a_m = 0.7$；$b_m = 4.9$；$c_m = 0.9$；

$\beta = 1.00$；$E_k/f_{mk} = 220$　　本标准表 5.2.2-1

长细比判定　$\lambda_m = c_m \sqrt{\dfrac{\beta E_k}{f_{mk}}}$

$= 0.9\sqrt{1.0 \times 220} = 13.3 > \lambda_B = 5.0$　　本标准式 5.2.2-1

稳定系数　$\varphi_l = \dfrac{1}{1 + \dfrac{\lambda_B^2 f_{mk}}{b_m \beta E_k}}$

$= \dfrac{1}{1 + \dfrac{5^2}{4.9 \times 1.0 \times 220}} = 0.98$　　本标准式 5.1.4-3

验算：$\dfrac{M}{\varphi_l W_n} = \dfrac{2.3 \times 10^6}{0.98 \times 1.4 \times 10^5}$

$= 16.8$（N/mm²）$< f_m = 19.6$N/mm²　　满足

【例题 5-4】

一材质等级为 I_c 的云杉-松-冷杉屋盖搁栅（图 5.4），搁栅间距为 400mm（数量大于 3 根），截面为 38mm×235mm，上铺 OSB 板，长度为 4m，含水率为 19％。该搁栅处于正常使用条件，安全等级为二级，设计使用年限为 50 年，其顶部作用的均布荷载（恒荷载＋雪荷载）设计值 q 为 2kN/m，支座采用搁栅吊（可视为支座的可靠侧向支承），搁置长度为 50mm，要求分别按强度和稳定验算其受弯承载力。

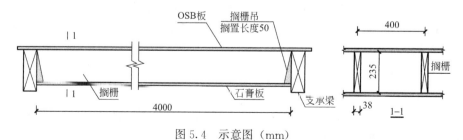

图 5.4　示意图（mm）

解:（1）按强度

计算长度	$l=4000\text{mm}$	
净截面抵抗矩	$W_n=38\times235^2/6=3.5\times10^5$（$mm^3$）	
云杉-松-冷杉	$f_m=13.4\text{N/mm}^2$	本标准附录表 D.2.1
截面调整	$K_{si}=1.1$	本标准表 4.3.9-3
共同作用	$K_{sys}=1.15$	本标准 4.3.9-5
雪荷载	$K_1=0.83$	本标准表 4.3.10
调整后	$f_m=K_{si}K_{sys}K_1f_m=1.1\times1.15\times0.83\times13.4=14.1$（$N/mm^2$）	
跨中弯矩	$M=ql^2/8=2\times4^2/8=4.0$（kN·m）	

验算： $\dfrac{M}{W_n}=\dfrac{4.0\times10^6}{3.5\times10^5}=11.4$（$N/mm^2$）$<f_m=14.1\text{N/mm}^2$　　满足

（2）按稳定

支座距离	$l_u=4000-50=3950$（mm）	本标准表 5.2.2-2
计算长度	$l_e=0.95l_u=0.95\times3950=3753$（mm）	本标准表 5.2.2-2
长细比	$\lambda_B=\sqrt{\dfrac{l_eh}{b^2}}=\sqrt{\dfrac{3753\times235}{38^2}}=25<50$	本标准式 5.2.2-2
高宽比	$h/b=235/38=6.2$	

支座有效侧向支撑，有密铺板且搁栅间距小于 610mm 时：

稳定系数　　$\varphi_l=1.0$　　　　　　　　本标准 5.2.3

验算： $\dfrac{M}{\varphi_l W_n}=\dfrac{4.0\times10^6}{1.0\times3.5\times10^5}$

$=11.4$（N/mm^2）$<f_m=14.1\text{N/mm}^2$　　满足

5.4 受剪

⚠ 标准的规定

5.2.4　受弯构件的受剪承载能力应按下式验算：

$$\frac{VS}{Ib}\leq f_v \tag{5.2.4}$$

式中：f_v——构件材料的顺纹抗剪强度设计值（N/mm^2）；

V——受弯构件剪力设计值（N），应符合本标准第 5.2.5 条规定；

I——构件的全截面惯性矩（mm^4）；

b——构件的截面宽度（mm）；

S——剪切面以上的截面面积对中性轴的面积矩（mm^3）。

5.2.5　当荷载作用在梁的顶面，计算受弯构件的剪力设计值 V 时，可不考虑梁端处距离支座长度为梁截面高度范围内，梁上所有荷载的作用。

5.2.7　矩形截面受弯构件支座处受拉面有切口时，实际的受剪承载能力，应按下式验算：

$$\frac{3V}{2bh_n}\left(\frac{h}{h_n}\right)^2 \leqslant f_v \tag{5.2.7}$$

式中：f_v——构件材料的顺纹抗剪强度设计值（N/mm²）；

      b——构件的截面宽度（mm）；

      h——构件的截面高度（mm）；

      h_n——受弯构件在切口处净截面高度（mm）；

      V——剪力设计值（N），可按工程力学原理确定，并且不考虑本标准第5.2.5条的规定。

💡 对标准规定的理解

    根据剪力方向的不同，木材中产生的剪应力可以分为：顺纹、横纹剪应力（图5.5a）和滚动剪应力（图5.5b），分别对应顺纹、横纹和滚动抗剪强度。其中滚动抗剪强度最低，通常只有顺纹抗剪强度的一半，而横纹抗剪强度约为顺纹抗剪强度的3倍。本标准附录第G.0.6条给出了正交胶合木受弯构件的滚剪强度设计值。

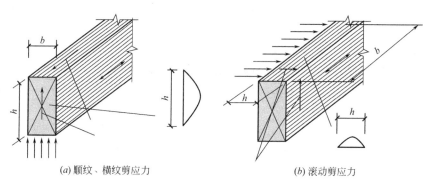

(a) 顺纹、横纹剪应力   (b) 滚动剪应力

图5.5　木材剪应力的类型

    以矩形截面悬臂梁为例，由平截面假定及剪应力互等原则可知，在端部集中力作用下，该悬臂梁将产生整体变形，其水平剪应力沿梁长度方向分布（图5.6a），该水平剪应力的大小沿梁截面高度h方向（图5.6b）分布，如图5.6（c）所示。假设木材顺纹方向的纤维间不存在"摩擦"，即组合效应为零，则该悬臂梁将会产生分层变形（图5.6d）。因此，木材、胶合木等受弯构件的受剪承载力验算不同于混凝土结构的斜截面承载力验算，但类似于钢-混凝土组合梁完全抗剪时验算连接件（栓钉）的纵向抗剪承载力。故在实际木结构工程中，验算受弯构件的受剪承载能力时用到的是水平剪力和顺纹抗剪强度设计值。

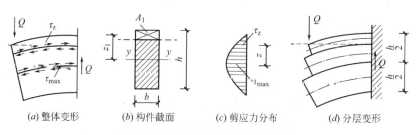

(a) 整体变形   (b) 构件截面   (c) 剪应力分布   (d) 分层变形

图5.6　受弯构件的水平剪应力分布

当荷载作用在矩形等截面梁的顶面，计算受弯构件的剪力设计值 V 时，可不考虑梁端处距离支座长度为梁截面高度 h 范围内梁上所有荷载的作用（图5.7a）；当矩形截面受弯构件支座处受压面有切口时（图5.7b），其剪力设计值可折减；当矩形截面受弯构件支座处受拉面有切口时（图5.7c），其剪力设计值不应折减。

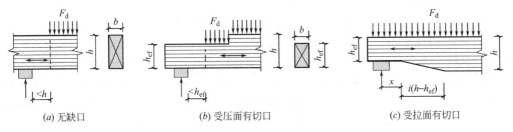

(a) 无缺口　　　　　　　　(b) 受压面有切口　　　　　　　(c) 受拉面有切口

图 5.7　受弯构件的剪力设计值折减

【例题 5-5】

一材质等级为 I_c 的云杉-松-冷杉屋盖椽条（图5.4），搁栅间距为400mm（数量大于3根），截面为38mm×235mm，上铺 OSB 板，长度为4m，含水率为19%。该搁栅处于正常使用条件，安全等级为二级，设计使用年限为50年，其顶部作用的均布荷载（恒荷载+雪荷载）设计值 q 为2kN/m，支座采用搁栅吊（可视为支座的可靠侧向支承），搁置长度为50mm，要求验算其受剪承载力。

解： 计算长度　　　　　$l = 4000 \text{mm}$

剪力计算跨度　　　$l_v = 4000 - 100 - 2 \times 235 = 3430$（mm）　　　本标准 5.2.5

截面面积　　　　　$A = 38 \times 235 = 8930$（mm²）

云杉-松-冷杉　　　$f_v = 1.4 \text{N/mm}^2$　　　　　　　　　　　　　　本标准附录表 D.2.1

截面调整　　　　　$K_{si} = 1.0$　　　　　　　　　　　　　　　　　本标准表 4.3.9-3

雪荷载　　　　　　$K_1 = 0.83$　　　　　　　　　　　　　　　　　本标准表 4.3.10

调整后　　　　　　$f_v = K_{si} K_1 f_v = 1.0 \times 0.83 \times 1.4 = 1.2$（N/mm²）

剪力　　　　　　　$V = ql/2 = 2 \times 3.43/2 = 3.4$（kN）

验算：　　　　　　$\dfrac{VS}{Ib} = \dfrac{3V}{2A} = \dfrac{3 \times 3400}{2 \times 8930} = 0.6$（N/mm²）$< f_v = 1.2 \text{N/mm}^2$　　　满足

5.5　局部承压

标准的规定

5.2.8　受弯构件局部承压的承载能力应按下式进行验算：

$$\frac{N_c}{bl_b K_B K_{Zcp}} \leqslant f_{c,90} \tag{5.2.8}$$

式中：N_c——局部压力设计值（N）；

　　　b——局部承压面宽度（mm）；

　　　l_b——局部承压面长度（mm）；

$f_{c,90}$——构件材料的横纹承压强度设计值（N/mm²），当承压面长度 $l_b \leqslant 150$mm，且承压面外缘距构件端部不小于 75mm 时，$f_{c,90}$ 取局部表面横纹承压强度设计值，否则应取全表面横纹承压强度设计值；

K_B——局部受压长度调整系数，应按表5.2.8-1的规定取值，当局部受压区域内有较高弯曲应力时，$K_B=1$；

K_{Zcp}——局部受压尺寸调整系数，应按表5.2.8-2的规定取值。

局部受压长度调整系数 K_B　　　　　　　　　　表 5.2.8-1

顺纹测量承压长度(mm)	修正系数 K_B	顺纹测量承压长度(mm)	修正系数 K_B
≤12.5	1.75	75.0	1.13
25.0	1.38	100.0	1.10
38.0	1.25	≥150.0	1.00
50.0	1.19		

注：1. 当承压长度为中间值时，可采用插入法求出 K_B 值。
　　2. 局部受压的区域离构件端部不应小于75mm。

局部受压尺寸调整系数 K_{Zcp}　　　　　　　　　表 5.2.8-2

构件截面宽度与构件截面高度的比值	K_{Zcp}
≤1.0	1.00
≥2.0	1.15

注：比值为1.0～2.0时，可采用插入法求出 K_{Zcp} 值。

对标准规定的理解

本条根据加拿大木结构设计规范的相关条文制定。表5.2.8-1中，"修正系数 K_B"应为"调整系数 K_B"。调整系数 K_{Zcp} 考虑了木材纹理对局部受压承载力的影响。调整系数 K_B 考虑了特殊情况下局部受压承载力的提高。调整系数 K_B 和 K_{Zcp} 的取值是根据加拿大林产品创新研究院的科研成果确定的。本条仅适用于目测分级或机械分级规格材。对于工程木产品，调整系数 K_B 和 K_{Zcp} 应由试验确定。需要注意的是：进口北美地区目测分级方木、规格材的横纹承压强度设计值 $f_{c,90}$ 应按本标准附录D的相关规定取值，且不区分全截面、局部表面和齿面或拉力螺栓垫板下。

【例题 5-6】

一材质等级为 I_c 的云杉-松-冷杉屋盖椽条（图5.4），搁栅间距为400mm（数量大于3根），截面为38mm×235mm，上铺OSB板，长度为4m，含水率为19%。该椽条处于正常使用条件，安全等级为二级，设计使用年限为50年，其顶部作用的均布荷载（恒荷载+雪荷载）按基本组合设计值 q 为 2kN/m，支座采用搁栅吊（可视为支座的可靠侧向支承），搁置长度为50mm，要求验算其支座处局部承压的承载能力。

解：计算跨度　　　　　　$l=4000$mm
局部压力设计值　　　　$N_c=ql/2=2\times4/2=4$（kN）
局部承压面宽度　　　　$b=38$mm
局部承压面长度　　　　$l_b=50$mm>40mm　　　　　　　　本标准 9.6.8

局部受压长度调整系数 $K_B=1.19$

截面宽度与高度的比值 $b/h=38/235=0.16<1.0$

局部受压尺寸调整系数 $K_{Zcp}=1.00$

云杉-松-冷杉 $f_{c,90}=4.9\text{N/mm}^2$ 本标准附录表 D.2.1

截面调整 $K_{si}=1.0$ 本标准表 4.3.9-3

雪荷载 $K_1=0.83$ 本标准表 4.3.10

调整后 $f_{c,90}=K_{si}K_1f_{c,90}=1.0\times0.83\times4.9=4.1\ (\text{N/mm}^2)$

验算： $$\frac{N_c}{bl_bK_BK_{Zcp}}=\frac{4000}{38\times50\times1.19\times1.0}$$
$$=1.8\ (\text{N/mm}^2)\ <f_{c,90}=4.1\text{N/mm}^2 \qquad 满足$$

5.6 挠度

标准的规定

5.2.9 受弯构件的挠度应按下式验算：
$$w\leq[w] \tag{5.2.9}$$
式中：$[w]$——受弯构件的挠度限值（mm），应按本标准表 4.3.15 的规定采用；

w——构件按荷载效应的标准组合计算的挠度（mm）。

对标准规定的理解

w 应为构件按作用的标准组合计算的挠度。受弯构件的挠度验算，属于按正常使用极限状态的设计。在这种情况下，采用弹性分析方法确定构件的挠度通常是合适的，并应采用作用的标准组合，且不考虑长期作用的影响。同时应根据受弯构件截面的跨高比，适当考虑剪切变形引起的挠度。

【例题 5-7】

一材质等级为 I_c 的云杉-松-冷杉屋盖椽条（图 5.4），截面为 38mm×235mm，长度为 4m，含水率为 19%。该椽条处于正常使用条件，安全等级为二级，设计使用年限为 50 年，其顶部作用的均布荷载（恒荷载＋雪荷载）按标准组合设计值 q 为 1.5kN/m，要求验算其挠度。

解：计算跨度 $l=4000\text{mm}$

跨高比 $h/l=235/4000=0.06$

荷载标准组合 $q=1.5\text{kN/m}$

弹性模量设计值 $E=10500\text{N/mm}^2$

$E/G=16$

调整后弹性模量 $E=10500\text{N/mm}^2$ 本标准 4.3.10-2

允许挠度 $[w]=l/250=4000/250=16\ (\text{mm})$

跨中挠度（未考虑剪切） $w=\dfrac{5ql^4}{32Ebh^3}$

$$= \frac{5 \times 1.5 \times 4000^4}{32 \times 10500 \times 38 \times 235^3}$$

$$= 12 \text{ (mm)} < [w] = 16\text{mm} \qquad 满足$$

剪切变形修正系数 $\qquad 1 + 0.96\left(\frac{E}{G}\right)\left(\frac{h}{l}\right)^2 = 1 + 0.96 \times 16 \times 0.06^2 = 1.06$

跨中挠度（考虑剪切） $\qquad w = 1.06 \times 12 = 13 \text{ (mm)} < [w] = 16\text{mm} \qquad 满足$

5.7 拉弯

标准的规定

5.3.1 拉弯构件的承载能力应按下式验算：

$$\frac{N}{A_n f_t} + \frac{M}{W_n f_m} \leqslant 1 \qquad (5.3.1)$$

式中：N、M——轴向拉力设计值（N）、弯矩设计值（N·mm）；

$\quad A_n$、W_n——按本标准第 5.1.1 条规定计算的构件净截面面积（mm²）、净截面抵抗矩（mm³）；

$\quad f_t$、f_m——构件材料的顺纹抗拉强度设计值、抗弯强度设计值（N/mm²）。

对标准规定的理解

木构件同时承受拉力和弯矩的作用，对构件安全造成一定不利影响，在设计中应尽量采取相应措施或避免。例如，在三角形桁架的木下弦中，就可以采取净截面对中的办法，以防止受拉构件的最薄弱部位（有缺口的截面）上产生弯矩。

【例题 5-8】

一材质等级为 I_c 的云杉-松-冷杉制作的三角轻型木桁架（图 5.8），下弦截面为 38mm×235mm，含水率为 19%。该桁架处于正常使用条件，安全等级为二级，设计使用年限为 50 年，其下弦跨中截面按基本组合（恒荷载＋雪荷载）的内力设计值为：轴拉力 N 为 10kN，弯矩 M 为 2kN·m，不考虑齿板对截面的削弱，要求验算其拉弯构件的承载能力。

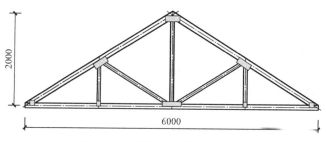

图 5.8 三角轻型木桁架（mm）

解： 截面面积 $\qquad A_n = 38 \times 235 = 8930 \text{ (mm}^2\text{)}$

净截面抵抗矩	$W_n = 38 \times 235^2/6 = 3.5 \times 10^5$（$mm^3$）	
云杉-松-冷杉	$f_t = 5.7 N/mm^2$	本标准附录表 D.2.1
	$f_m = 13.4 N/mm^2$	
截面调整	$K_{si,t} = 1.1$	本标准表 4.3.9-3
	$K_{si,m} = 1.1$	
雪荷载	$K_1 = 0.83$	本标准表 4.3.10
调整后	$f_t = K_{si,t} K_1 f_t = 1.1 \times 0.83 \times 5.7 = 5.2$（$N/mm^2$）	
	$f_m = K_{si,m} K_1 f_m = 1.1 \times 0.83 \times 13.4 = 12.2$（$N/mm^2$）	
验算	$\dfrac{N}{A_u f_t} + \dfrac{M}{W_n f_m} = \dfrac{10000}{8930 \times 5.2} + \dfrac{2 \times 10^6}{3.5 \times 10^5 \times 12.2} = 0.68 < 1$	满足

5.8 压弯和偏心受压

📖 标准的规定

5.3.2 压弯构件及偏心受压构件的承载能力应按下列规定进行验算：

1 按强度验算时，应按下式验算：

$$\frac{N}{A_n f_c} + \frac{M_0 + N_{e_0}}{W_n f_m} \leqslant 1 \qquad (5.3.2-1)$$

2 按稳定验算时，应按下式验算：

$$\frac{N}{\varphi \varphi_m A_0} \leqslant f_c \qquad (5.3.2-2)$$

$$\varphi_m = (1-k)^2 (1-k_0) \qquad (5.3.2-3)$$

$$k = \frac{N e_0 + M_0}{W f_m \left(1 + \sqrt{\dfrac{N}{A f_c}}\right)} \qquad (5.3.2-4)$$

$$k_0 = \frac{N e_0}{W f_m \left(1 + \sqrt{\dfrac{N}{A f_c}}\right)} \qquad (5.3.2-5)$$

式中：φ——轴心受压构件的稳定系数；

A_0——计算面积，按本标准第 5.1.3 条确定；

φ_m——考虑轴向力和初始弯矩共同作用的折减系数；

N——轴向压力设计值（N）；

M_0——横向荷载作用下跨中最大初始弯矩设计值（N·mm）；

e_0——构件轴向压力的初始偏心距（mm），当不能确定时，可按 0.05 倍构件截面高度采用；

f_c、f_m——考虑调整系数后的构件材料的顺纹抗压强度设计值、抗弯强度设计值（N/mm^2）；

W——构件全截面抵抗矩（mm^3）。

对标准规定的理解

本条适用于原木和锯材，对于胶合木材的拉弯和压弯构件参照《胶规》的规定验算。按强度验算时，应采用构件的净截面抵抗矩 W_n；按稳定验算时，应采用构件的全截面抵抗矩 W。

【例题 5-9】

一材质等级为 I_f 的花旗松-落叶松（加拿大）方木柱，截面为 150mm×150mm，长度 l 为 3.2m，含水率为 19%。该方木柱处于正常使用条件，安全等级为二级，设计使用年限为 50 年，两端铰接，其按基本组合（恒荷载＋雪荷载）的内力设计值为：轴力 N 为 20kN，跨中最大初始弯矩 M_0 为 5kN·m。初始偏心距 e_0 为 ±8mm，要求分别按强度和稳定验算其压弯承载能力。

解： 截面面积 $\quad A = A_n = A_0 = 150^2 = 22500$（mm²）

截面抵抗矩 $\quad W = W_n = 150^3/6 = 5.6 \times 10^5$（mm³）

花旗松-落叶松 $\quad f_c = 10.5 \text{N/mm}^2$ 本标准附录表 D.1.1

（加拿大） $\quad f_m = 15.2 \text{N/mm}^2$

雪荷载 $\quad K_1 = 0.83$ 本标准表 4.3.10

调整后 $\quad f_c = K_1 f_c = 0.83 \times 10.5 = 8.7$（N/mm²）

$\quad f_m = K_1 f_m = 0.83 \times 15.2 = 12.6$（N/mm²）

按强度：

验算

$$\frac{N}{A_n f_c} + \frac{M_0 + N e_0}{W_n f_m} = \frac{20000}{22500 \times 8.7} + \frac{5 \times 10^6 + 20000 \times 8}{5.6 \times 10^5 \times 12.6}$$

$$= 0.83 < 1 \qquad\qquad 满足$$

按稳定：

系数

$$k = \frac{M_0 + N e_0}{W f_m \left(1 + \sqrt{\dfrac{N}{A f_c}}\right)}$$

$$= \frac{5 \times 10^6 + 20000 \times 8}{5.6 \times 10^5 \times 12.6 \left(1 + \sqrt{\dfrac{20000}{22500 \times 8.7}}\right)} = 0.55$$

本标准式 5.3.2-4

$$k_0 = \frac{N e_0}{W f_m \left(1 + \sqrt{\dfrac{N}{A f_c}}\right)}$$

$$= \frac{20000 \times 8}{5.6 \times 10^5 \times 12.6 \left(1 + \sqrt{\dfrac{20000}{22500 \times 8.7}}\right)} = 0.02$$

本标准式 5.3.2-5

折减系数 $\quad \varphi_m = (1-k)^2 (1-k_0)$

$\qquad\qquad = (1-0.55)^2 (1-0.02) = 0.20$ 本标准式 5.3.2-3

长度计算系数	$k_1 = 1.0$	本标准表 5.1.5
计算长度	$l_0 = k_1 l = 1.0 \times 3200 = 3200$（mm）	本标准式 5.1.5
回转半径	$i = 0.289h = 0.289 \times 150 = 43.4$（mm）	
长细比	$\lambda = l_0/i = 3200/43.4 = 74 < [\lambda] = 120$	本标准 4.3.17
相关系数	$a_c = 0.88$；$b_c = 2.44$；$c_c = 3.68$； $\beta = 1.03$；$E_k/f_{ck} = 430$	本标准表 5.1.4

长细比判定 $\quad \lambda = 74 < \lambda_c = c_c \sqrt{\dfrac{\beta E_k}{f_{ck}}} = 3.68\sqrt{1.03 \times 430} = 77 \quad$ 本标准式 5.1.4-1

稳定系数

$$\varphi = \cfrac{1}{1 + \cfrac{\lambda^2 f_{ck}}{b_c \pi^2 \beta E_k}}$$

$$= \cfrac{1}{1 + \cfrac{74^2}{2.44 \times 3.14^2 \times 1.03 \times 430}} = 0.66 \qquad \text{本标准式 5.1.4-4}$$

按稳定验算 $\quad \dfrac{N}{\varphi \varphi_m A_0} = \dfrac{20000}{0.66 \times 0.2 \times 22500}$

$$= 6.7 \text{（N/mm}^2） < f_c = 8.7\text{N/mm}^2 \qquad\qquad \text{满足}$$

6 连接设计

6.1 概述

木材是天然生长的材料，其截面尺寸和长度都是有限的，需要用拼合、接长和节点连接等方法，将木材连接成大尺度构件或结构。连接设计是木结构设计中一个重要环节，应重视安装、防火和防护等方面的节点构造。在实际工程中，应遵循以下设计原则：

1. 传力应明确，避免出现木材横纹受拉；
2. 节点连接应满足承载力和延性的要求；
3. 构造简单，便于制作、安装和检修；
4. 考虑防火构造措施。

本标准中的连接设计涉及三类连接：齿连接、销连接和齿板连接。表6.1列出了连接类型、紧固件形式和适用范围。对于本标准未给出的连接形式，如自攻螺钉、植筋连接等，则应参考相应产品的技术手册进行设计。

连接类型、紧固件形式和适用范围　　　　　　　　　　　　　　　　　　表 6.1

连接类型	紧固件形式	适用范围
齿连接	齿、保险螺栓(图6.1)	传统木桁架
销连接	螺栓(图6.2a)	各类构件
	销(图6.2b)	
	六角头木螺钉(图6.2c)	
	圆钉(图6.2d)	
齿板连接	齿板(图6.2e)	轻型木桁架

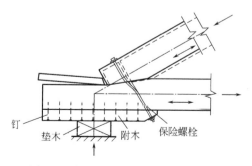

图 6.1　齿连接与保险螺栓及破坏模式

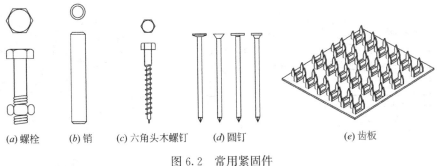

(a) 螺栓　　(b) 销　　(c) 六角头木螺钉　　(d) 圆钉　　　　　(e) 齿板

图6.2　常用紧固件

6.2　齿连接构造

标准的规定

6.1.1　齿连接可采用单齿或双齿的形式，并应符合下列规定：

1　齿连接的承压面应与所连接的压杆轴线垂直。

2　单齿连接应使压杆轴线通过承压面中心。

3　木桁架支座节点的上弦轴线和支座反力的作用线，当采用方木或板材时，宜与下弦净截面的中心线交汇于一点；当采用原木时，可与下弦毛截面的中心线交汇于一点，此时，刻齿处的截面可按轴心受拉验算。

4　齿连接的齿深，对于方木不应小于20mm；对于原木不应小于30mm。

5　桁架支座节点齿深不应大于$h/3$，中间节点的齿深不应大于$h/4$，h为沿齿深方向的构件截面高度。

6　双齿连接中，第二齿的齿深h_c应比第一齿的齿深h_{c1}至少大20mm。单齿和双齿第一齿的剪面长度不应小于4.5倍齿深。

7　当受条件限制只能采用湿材制作时，木桁架支座节点齿连接的剪面长度应比计算值加长50mm。

6.1.4　桁架支座节点采用齿连接时，应设置保险螺栓，但不考虑保险螺栓与齿的共同工作。木桁架下弦支座应设置附木，并与下弦用钉钉牢。钉子数量可按构造布置确定。附木截面宽度与下弦相同，其截面高度不应小于$h/3$，h为下弦截面高度。

对标准规定的理解

齿连接分为单齿连接和双齿连接两种形式（图6.3），单齿连接制作更简单，应用较广泛。但若构件中的压力较大，采用单齿连接所需构件截面过大时，则宜采用双齿连接。齿连接的优点是构造简单，传力明确，可用简单工具加工制作，且由于连接的构造外露，易于检查施工质量和观察其工作情况，是我国方木原木结构中木桁架节点连接最常用的连接形式。其缺点是刻槽对构件的截面削弱较大，使得木材用量增加。从受力角度而言，齿连接除了齿槽承压外，还存在剪面受剪，而木材受剪破坏属于脆性破坏，设计时需增设保险

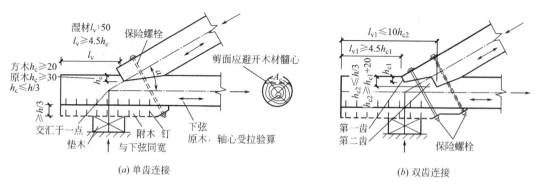

图 6.3　齿连接的两种形式

螺栓，使齿连接受剪破坏后，仍能提供一定抗剪承载力。

6.3　齿连接计算

标准的规定

6.1.2　单齿连接应按下列规定进行验算：

1　按木材承压时，应按下式验算：

$$\frac{N}{A_c} \leq f_{ca} \qquad (6.1.2\text{-}1)$$

式中：f_{ca}——木材斜纹承压强度设计值（N/mm²），应按本标准第4.3.3条的规定确定；

N——作用于齿面上的轴向压力设计值（N）；

A_c——齿的承压面面积（mm²）。

2　按木材受剪时，应按下式验算：

$$\frac{V}{l_v b_v} \leq \psi_v f_v \qquad (6.1.2\text{-}2)$$

式中：f_v——木材顺纹抗剪强度设计值（N/mm²）；

V——作用于剪面上的剪力设计值（N）；

l_v——剪面计算长度（mm），其取值不应大于齿深 h_c 的8倍；

b_v——剪面宽度（mm）；

ψ_v——沿剪面长度剪应力分布不匀的强度降低系数，应按表6.1.2的规定采用。

单齿连接抗剪强度降低系数　　　　　　　　　　　　　表 6.1.2

l_v/h_c	4.5	5	6	7	8
ψ_v	0.95	0.89	0.77	0.70	0.64

6.1.3　双齿连接的承压应按本标准公式（6.1.2-1）验算，但其承压面面积应取两个齿承压面面积之和。

双齿连接的受剪，仅考虑第二齿剪面的工作，应按本标准公式（6.1.2-2）计算，并应符合下列规定：

1 计算受剪应力时，全部剪力 V 应由第二齿的剪面承受；

2 第二齿剪面的计算长度 l_v 的取值，不应大于齿深 h_c 的 10 倍；

3 双齿连接沿剪面长度剪应力分布不匀的强度降低系数 ψ_v 值应按表 6.1.3 的规定采用。

双齿连接抗剪强度降低系数　　　　　　　　　　表 6.1.3

l_v/h_c	6	7	8	10
ψ_v	1.0	0.93	0.85	0.71

【例题 6-1】

三角木桁架的上、下弦支座节点采用单齿连接，齿深 h_c 为 30mm，剪面长度 l_{v1} 为 300mm，上弦轴线与下弦轴线的夹角 a 为 30°。上、下弦杆采用材质等级为 I_c 的花旗松-落叶松（加拿大）方木，其截面尺寸均为 140mm×140mm，含水率为 19%。该桁架处于室内正常使用条件，安全等级为二级，设计使用年限为 50 年，其上弦杆承受按基本组合（恒荷载＋雪荷载）的内力设计值 N 为 25kN（压力），要求验算该节点的木材承压、受剪承载力。

解： 截面　　　　　$b=b_v=h=140\text{mm}$

剪面长度　　　　$l_{v1}=300\text{mm}$

花旗松-落叶松　　$f_c=10.1\text{N/mm}^2$　　　　　　本标准附录表 D.1.1

（加拿大）　　　$f_{c,90}=6.5\text{N/mm}^2$

　　　　　　　　$f_v=1.7\text{N/mm}^2$

雪荷载　　　　　$K_1=0.83$　　　　　　　　　本标准表 4.3.10

调整后　　　　　$f_c=K_1f_c=0.83\times10.1=8.4\ (\text{N/mm}^2)$

　　　　　　　　$f_{c,90}=K_1f_{c,90}=0.83\times6.5=5.4\ (\text{N/mm}^2)$

　　　　　　　　$f_v=K_1f_v=0.83\times1.7=1.4\ (\text{N/mm}^2)$

$a=30°$　　$f_{c30°}=\dfrac{f_c}{1+\left(\dfrac{f_c}{f_{c,90}}-1\right)\dfrac{30°-10°}{80°}\sin30°}$

　　　　　　　$=\dfrac{8.4}{1+\left(\dfrac{8.4}{5.4}-1\right)\dfrac{30°-10°}{80°}\sin30°}=7.8\ (\text{N/mm}^2)$　　本标准式 4.3.3-2

齿深　　　　　　$20\text{mm}<h_c=30\text{mm}<h/3=47\text{mm}$　　本标准 6.1.1-4、5

承压面面积　　　$A_c=bh_c/\cos a=140\times30/\cos30°=4850\text{mm}^2$

承压验算　　　　$\dfrac{N}{A_c}=\dfrac{25000}{4850}=5.2\ (\text{N/mm}^2)<f_{c30°}=7.8\text{N/mm}^2$　　满足

剪力　　　　　　$V=N\cos a=25\times\cos30°=21.7\ (\text{kN})$

剪面计算长度　　$l_v=\min\ (l_v,\ 8h_c)=240\text{mm}>4.5h_c$　　本标准 6.1.1、2

单齿连接系数　　$\psi_v=0.64$　　　　　　　　本标准表 6.1.2

受剪验算　　　　$\dfrac{V}{l_vb_v}=\dfrac{21700}{240\times140}=0.6\ (\text{N/mm}^2)<\psi_vf_v=0.64\times1.4=0.9\ (\text{N/mm}^2)$　满足

【例题 6-2】

三角木桁架的上、下弦支座节点采用双齿连接，第一齿深 h_{c1} 为 25mm，第二齿深 h_{c2} 为 45mm，第二齿剪面长度 l_{v2} 为 450mm，上弦轴线与下弦轴线的夹角 α 为 30°。上、下弦杆采用材质等级为 I_e 的花旗松-落叶松（加拿大），其截面尺寸均为 140mm×140mm，含水率为 19%。该桁架处于室内正常使用条件，安全等级为二级，设计使用年限为 50 年，其上弦杆承受按基本组合（恒荷载+雪荷载）的内力设计值 N 为 40kN（压力），要求验算该节点的木材承压、受剪承载力。

解：

截面	$b=b_v=h=140\text{mm}$	
剪面长度	$l_{v2}=450\text{mm}$	
花旗松-落叶松	$f_c=10.1\text{N/mm}^2$	本标准附录表 D.1.1
（加拿大）	$f_{c,90}=6.5\text{N/mm}^2$	
	$f_v=1.7\text{N/mm}^2$	
雪荷载	$K_1=0.83$	本标准表 4.3.10

调整后

$$f_c=K_1f_c=0.83\times10.1=8.4\ (\text{N/mm}^2)$$

$$f_{c,90}=K_1f_{c,90}=0.83\times6.5=5.4\ (\text{N/mm}^2)$$

$$f_v=K_1f_v=0.83\times1.7=1.4\ (\text{N/mm}^2)$$

$a=30°$

$$f_{c30°}=\cfrac{f_c}{1+\left(\cfrac{f_c}{f_{c,90}}-1\right)\cfrac{30°-10°}{80°}\sin30°}$$ 本标准式 4.3.3-2

$$=\cfrac{8.4}{1+\left(\cfrac{8.4}{5.4}-1\right)\cfrac{30°-10°}{80°}\sin30°}=7.8\ (\text{N/mm}^2)$$

第一齿深	$20\text{mm}<h_{c1}=25\text{mm}<h/3=47\text{mm}$	本标准 6.1.1-4、5
第二齿深	$20\text{mm}<h_{c2}=45\text{mm}<h/3=47\text{mm}$	本标准 6.1.1-4、5
齿深差	$h_{c2}-h_{c1}=20\text{mm}\geqslant20\text{mm}$	本标准 6.1.1-6
承压面面积	$A_{c1}=b\,h_{c1}/\cos a=140\times25/\cos30°=4041\ (\text{mm}^2)$	
承压面面积	$A_{c2}=b\,h_{c2}/\cos a=140\times45/\cos30°=7275\ (\text{mm}^2)$	
承压验算	$\dfrac{N}{A_{c1}+A_{c2}}=\dfrac{40000}{4041+7275}=3.5\ (\text{N/mm}^2)<f_{c30°}=7.8\text{N/mm}^2$ 满足	
剪力	$V=N\cos a=40\times\cos30°=34.6\ (\text{kN})$	
剪面计算长度	$l_v=\min(l_{v2},10h_{c2})=450\text{mm}$	本标准 6.1.1、2
双齿连接系数	$\psi_v=0.71$	本标准表 6.1.3
受剪验算	$\dfrac{V}{l_vb_v}=\dfrac{34600}{450\times140}=0.5\text{N/mm}^2<\psi_vf_v=0.71\times1.4=1.0\text{N/mm}^2$ 满足	

6.4 保险螺栓

🖋 标准的规定

6.1.5 保险螺栓的设置和验算应符合下列规定：

1　保险螺栓应与上弦轴线垂直。

2　保险螺栓应按本标准第4.1.15条的规定进行净截面抗拉验算，所承受的轴向拉力应按下式确定：

$$N_b = N \tan(60° - \alpha) \tag{6.1.5}$$

式中：N_b——保险螺栓所承受的轴向拉力（N）；

N——上弦轴向压力的设计值（N）；

α——上弦与下弦的夹角（°）。

3　保险螺栓的强度设计值应乘以1.25的调整系数。

4　双齿连接宜选用两个直径相同的保险螺栓，但不考虑本标准第7.1.12条规定的调整系数。

4.1.5　木结构中的钢构件设计，应符合现行国家标准《钢结构设计标准》GB 50017的规定。

💡 对标准规定的理解

在齿连接中，木材抗剪属于脆性工作，其破坏一般无预兆。为防止意外，应采取保险的措施。长期的工程实践表明，在被连接的构件间用螺栓予以拉结，可以起到保险的作用。因为它可使齿连接在其受剪面万一遭到破坏时，不致引起整个结构的坍塌，从而也就为抢修提供了必要的时间。因此，本标准规定桁架的支座节点采用齿连接时，必须设置保险螺栓。为了正确设计保险螺栓，本标准对下列问题做了统一规定：

1. 构造符合要求的保险螺栓，其承受的拉力设计值可按本标准推荐的简便公式确定。因为保险螺栓的受力情况尽管复杂，但在这种情况下，其计算结果与试验值较为接近，可以满足实用的要求。

2. 考虑到木材的剪切破坏是突然发生的，对螺栓有一定的冲击作用，故规定螺栓宜选用延性较好的钢材（例如Q235钢材）制作。但它的强度设计值仍可乘以1.25的调整系数，以考虑其受力的短暂性。

3. 关于螺栓与齿能否共同工作的问题，原建筑工程部建筑科学研究院和原四川省建筑科学研究所的试验结果均证明：在齿未破坏前，保险螺栓几乎是不受力的。故明确规定在设计中不应考虑二者的共同工作。

4. 在双齿连接中，保险螺栓一般设置两个。考虑到木材剪切破坏后，节点变形较大，两个螺栓受力较为均匀，故规定不考虑本标准第7.1.12条的调整系数。

按照《钢结构设计标准》GB 50017—2017，在普通螺栓轴向方向受拉的连接中，每个普通螺栓承载力设计值应按下式计算：

$$N_t^b = \frac{\pi d_e^2}{4} f_t^b \tag{6.1}$$

式中：d_e——螺栓在螺纹处的有效直径（mm）；

f_t^b——普通螺栓抗拉强度设计值（N/mm²）。

【例题 6-3】

三角木桁架的上、下弦支座节点采用单齿连接，上弦轴线与下弦轴线的夹角 α 为30°，上弦杆承受按基本组合（恒荷载＋雪荷载）的内力设计值 N 为25kN（压力），保险螺栓采用一根 C 级 4.6 级 M12 普通螺栓，有效直径 d_e 为 10.36mm，要求验算该保险螺栓的受拉承载力。

解：轴向拉力　　$N_b = N\,\tan\,(60° - 30°) = 25 \times \tan 30° = 14.4$ （kN）　　本标准式 6.1.5

螺栓抗拉强度　　$f_t^b = 170\mathrm{N/mm^2}$　　　　　　　　　　　《钢结构设计标准》表 4.4.6

螺栓轴向受拉　　$1.25N_t^b = 1.25\,\dfrac{\pi d_e^2}{4}\,f_t^b = 1.25 \times \dfrac{3.14 \times 10.36^2}{4} \times 170$

$$= 17.9 \text{（kN）} > N_b = 14.4\mathrm{kN} \qquad\qquad 满足$$

6.5　销连接构造

📛 标准的规定

6.2.1　销轴类紧固件的端距、边距、间距和行距最小尺寸应符合表 6.2.1 的规定。当采用螺栓、销或六角头木螺钉作为紧固件时，其直径不应小于 6mm。

销轴类紧固件的端距、边距、间距和行距的最小值尺寸　　　　表 6.2.1

距离名称	顺纹荷载作用时		横纹荷载作用时	
最小端距 e_1	受力端	$7d$	受力边	$4d$
	非受力端	$4d$	非受力边	$1.5d$
最小边距 e_2	当 $l/d \leqslant 6$	$1.5d$	$4d$	
	当 $l/d > 6$	取 $1.5d$ 与 $r/2$ 两者较大值		
最小间距 s	$4d$		$4d$	
最小行距 r	$2d$		当 $l/d \leqslant 2$	$2.5d$
			当 $2 < l/d \leqslant 6$	$(5l+10d)/8$
			当 $l/d \geqslant 6$	$5d$
几何位置示意图				

注：1. 受力端为销槽受力指向端部；非受力端为销槽受力背离端部；受力边为销槽受力指向边部；非受力边为销槽受力背离端部。

　　2. 表中 l 为紧固件长度，d 为紧固件的直径，并且 l/d 值应取下列两者中的较小值。

　　　　① 紧固件在主构件中的贯入深度 l_m 与直径 d 的比值 l_m/d；

　　　　② 紧固件在侧面构件中的总贯入深度 l_s 与直径 d 的比值 l_s/d。

　　3. 当钉连接不预钻孔时，其端距、边距、间距和行距应为表中数值的 2 倍。

对标准规定的理解

本标准表6.2.1中，横纹荷载作用一栏的几何位置示意图中的最小端距e_1和最小边距e_2标注有误，正确示意可参考图6.4。其中距离、直径的定义分别为：

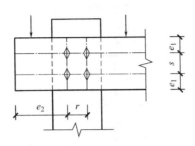

图6.4 横纹荷载作用的几何位置示意图

1. 端距e_1是指销轴类紧固件的中心至顺内力方向木构件边缘的距离。
2. 边距e_2是指销轴类紧固件的中心至垂直内力方向木构件边缘的距离。
3. 间距s是指销轴类紧固件的中心至顺内力方向相邻销轴类紧固件的中心的距离。
4. 行距r是指销轴类紧固件的中心至垂直力方向相邻销轴类紧固件的中心的距离。
5. 木结构工程中通常采用直径d为$12\sim20$mm的螺栓、销。工厂加工时，木构件上开孔的实际直径d_0可取螺栓直径$d+$（$1\sim2$）mm；对于销连接，其实际开孔直径d_0应等于销直径d。

以一胶合木受拉节点为例，采用4个4.6级M12普通螺栓，螺栓直径d为12mm，螺栓长度l为152mm，该节点合理的螺栓布置如图6.5所示。

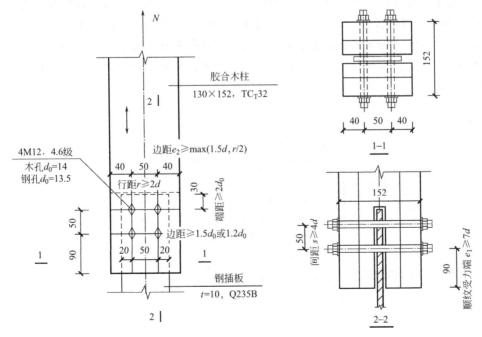

图6.5 顺纹荷载作用时螺栓构造规定示意图（mm）

以一胶合木梁端节点为例，采用 4 个 4.6 级 M12 普通螺栓，螺栓直径 d 为 12mm，钢插板厚度 t 为 10mm，该节点合理的螺栓布置如图 6.6 所示。

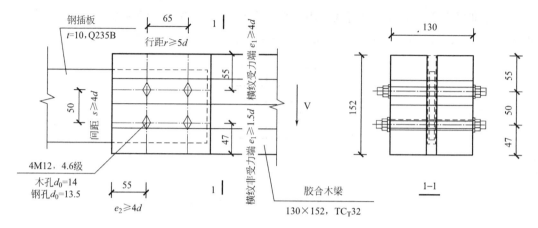

图 6.6 横纹荷载作用时螺栓构造规定示意图（mm）

6.6 交错布置构造

标准的规定

6.2.2 交错布置的销轴类紧固件（图 6.2.2），其端距、边距、间距和行距的布置应符合下列规定：

1 对于顺纹荷载作用下交错布置的紧固件，当相邻行上的紧固件在顺纹方向的间距不大于 4 倍紧固件的直径（d）时，则可将相邻行的紧固件确认是位于同一截面上。

2 对于横纹荷载作用下交错布置的紧固件，当相邻行上的紧固件在横纹方向的间距不小于 $4d$ 时，则紧固件在顺纹方向的间距不受限制；当相邻行上的紧固件在横纹方向的间距小于 $4d$ 时，则紧固件在顺纹方向的间距应符合本标准表 6.2.1 的规定。

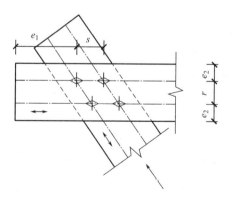

图 6.2.2 紧固件交错布置几何位置示意

对标准规定的理解

当采用交错布置的销轴类紧固件时，其端距、边距、间距和行距的布置可按图 6.7 所示选取。

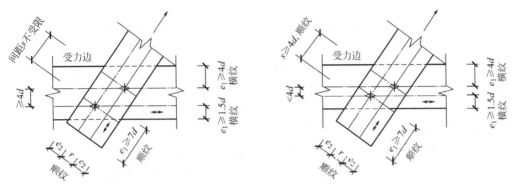

图 6.7　紧固件交错布置的构造要求

6.7　六角头木螺钉

标准的规定

6.2.4　对于采用单剪或对称双剪的销轴类紧固件的连接，当剪面承载力设计值按本标准第 6.2.5 条的规定进行计算时，应符合下列规定：

1　构件连接面应紧密接触；

2　荷载作用方向应与销轴类紧固件轴线方向垂直；

3　紧固件在构件上的边距、端距以及间距应符合本标准表 6.2.1 或表 6.2.3 中的规定；

4　六角头木螺钉在单剪连接中的主构件上或双剪连接中侧构件上的最小贯入深度不应包括端尖部分的长度，并且，最小贯入深度不应小于六角头木螺钉直径的 4 倍。

对标准规定的理解

按照《六角头木螺钉》GB 102—1986，端尖部分的长度为 b，直径为 d_s，六角头厚度为 k（图 6.8），其最小贯入深度是指六角头木螺钉光圆部分（长度为 $l-b$）钉入主构件的深度。

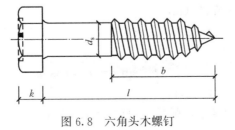

图 6.8　六角头木螺钉

6.8 销连接计算

6.2.5　对于采用单剪或对称双剪连接的销轴类紧固件，每个剪面的承载力设计值 Z_d 应按下式进行计算：

$$Z_d = C_m C_n C_t k_g Z \tag{6.2.5}$$

式中：C_m——含水率调整系数，应按表 6.2.5 中规定采用；

　　　C_n——设计使用年限调整系数，应按本标准表 4.3.9-2 的规定采用；

　　　C_t——温度调整系数，应按表 6.2.5 中规定采用；

　　　k_g——群栓组合系数，应按本标准附录 K 的规定确定；

　　　Z——承载力参考设计值，应按本标准第 6.2.6 条的规定确定。

6.2.6　对于单剪连接或对称双剪连接，单个销的每个剪面的承载力参考设计值 Z 应按下式进行计算：

$$Z = k_{min} t_s d f_{es} \tag{6.2.6}$$

式中：k_{min}——为单剪连接时较薄构件或双剪连接时边部构件的销槽承压最小有效长度系数，应按本标准第 6.2.7 条的规定确定；

　　　t_s——较薄构件或边部构件的厚度（mm）；

　　　d——销轴类紧固件的直径（mm）；

　　　f_{es}——构件销槽承压强度标准值（N/mm²），应按本标准第 6.2.8 条的规定确定。

6.2.7　销槽承压最小有效长度系数 k_{min} 应按下列 4 种破坏模式进行计算，并应按下式进行确定：

$$k_{min} = min\ (k_I,\ k_{II},\ k_{III},\ k_{IV}) \tag{6.2.7-1}$$

6.2.8　销槽承压强度标准值应按下列规定取值：

1　当 6mm≤d≤25mm 时，销轴类紧固件销槽顺纹承压强度 $f_{e,0}$ 应按下式确定：

$$f_{e,0} = 77G \tag{6.2.8-1}$$

式中：G——主构件材料的全干相对密度；常用树种木材的全干相对密度按本标准附录 L 的规定确定。

2　当 6mm≤d≤25mm 时，销轴类紧固件销槽横纹承压强度 $f_{c,90}$ 应按下式确定：

$$f_{c,90} = \frac{212\,G^{1.45}}{\sqrt{d}} \tag{6.2.8-2}$$

式中：d——销轴类紧固件直径（mm）。

3　当作用在构件上的荷载与木纹呈夹角 α 时，销槽承压强度 $f_{e,\alpha}$ 应按下式确定：

$$f_{e,\alpha} = \frac{f_{e,0} f_{e,90}}{f_{e,0} \sin^2 \alpha + f_{e,90} \cos^2 \alpha} \tag{6.2.8-3}$$

式中：α——荷载与木纹方向的夹角。

4　当 d<6mm 时，销槽承压强度 f_e 应按下式确定：

$$f_e = 115G^{1.84} \tag{6.2.8-4}$$

5 当销轴类紧固件插入主构件端部并且与主构件木纹方向平行时，主构件上的销槽承压强度取 $f_{e,90}$。

6 紧固件在钢材上的销槽承压强度 f_{es} 应按现行国家标准《钢结构设计标准》GB 50017 规定的螺栓连接的构件销槽承压强度设计值的 1.1 倍计算。

7 紧固件在混凝土构件上的销槽承压强度按混凝土立方体抗压强度标准值的 1.57 倍计算。

对标准规定的理解

本标准采用 Johansen 销连接承载力计算方法，适用于螺栓、销、钉和六角头木螺钉连接。对于单剪连接，六种屈服模式分别是：I_m（主构件的销槽承压破坏）；I_s（侧构件的销槽承压破坏）；II（销槽局部挤压破坏）；III_m（主构件中出现单个塑性铰破坏）；III_s（侧构件中出现单个塑性铰破坏）；IV（主、侧构件中出现两个塑性铰破坏）。由于对称受力，在双剪连接中，则仅有 I_m、I_s、III_s、IV 四种屈服模式。表 6.2 给出了加拿大和欧洲关于木-木销轴类紧固件承载力的计算公式。

根据"关于同意《木结构设计标准》GB 50005—2017 第 6.2.7 条部分修改的函"（建标标便〔2019〕41 号），同意下列内容修改：

1. 本标准第 6.2.7 条公式（6.2.7-8）改为：

$$k_{sIII} = \frac{R_e}{2+R_e}\left[\sqrt{\frac{2(1+R_e)}{R_e}+\frac{1.647(2+R_e)k_{ep}f_{yk}d^2}{3R_ef_{es}t_s^2}}-1\right] \quad (6.2.7\text{-}8)$$

2. 本标准第 6.2.7 条表 6.2.7 改为：

构件连接时剪面承载力的抗力分项系数 γ 取值表　　　　表 6.2.7

连接件类型	各屈服模式的抗力分项系数			
	γ_I	γ_{II}	γ_{III}	γ_{IV}
螺栓、销或六角头木螺钉	4.38	3.63	2.22	1.88
圆钉	3.42	2.83	1.97	1.62

设计建议

1. 当采用木-钢-木双剪连接时，宜采用 4.6 级 C 级螺栓，其直径 d 可取一侧木构件厚度的 1/7；钢插板宜采用 Q235，其厚度 t_s 可取螺栓直径。

2. 当采用钢-木单剪连接时，螺栓直径 d 可取一侧木构件厚度的 1/5。

3. 为保证连接的耐火极限，应尽量避免采用钢-木-钢双剪（外包钢板）连接。

【例题 6-4】

木-木-木双剪螺栓连接：一材质等级为 I_c 的云杉-松-冷杉接长接头，采用双木夹板螺栓连接（图 6.9），木构件截面均为 38mm×140mm，螺栓采用直径 d 为 12mm 的 4.6 级 C 级普通螺栓。该连接处于正常使用环境，设计使用年限为 50 年。要求分别按本标准、加拿大规范、欧洲规范计算单个螺栓的承载力。

表 6.2

各国销轴类紧固件承载力计算公式

屈服模式	单剪	双剪	本标准①	加拿大规范②	欧洲规范③
I_s			$\dfrac{R_e R_t}{\gamma_I} l_s d f_{es}$	$f_1 d t_1$	$f_{h,i} t_i d$
I_m			$\dfrac{R_e R_t}{2\gamma_I} l_s d f_{es}$	$\dfrac{1}{2} f_2 d t_2$	$0.5 f_{h,2,k} t_2 d$
II			$\dfrac{\left[\sqrt{R_e + 2R_e^2\left[1+R_t+R_t^2\right]+R_t^3 R_e^2} - R_e(1+R_t)\right] t_s d f_{es}}{\gamma_{III}(1+R_e)}$	$f_1 d_F^2\,\dfrac{1}{5}\left(\dfrac{t_1}{d_F} + \dfrac{t_2}{t_1 d_F}\right)$	$\dfrac{f_{h,1,k} t_1 d}{1-\beta}\left[\sqrt{\beta + 2\beta^2\left[1 + \dfrac{t_2}{t_1} + \left(\dfrac{t_2}{t_1}\right)^2\right] + \beta^3\left(\dfrac{t_2}{t_1}\right)^2} - \beta\left(1 + \dfrac{t_2}{t_1}\right)\right]$
III_m			$\dfrac{R_e R_t}{\gamma_{III}(1+2R_e)}\left[\sqrt{2(1+R_e)+\dfrac{1.647(1+2R_e)k_{ep}f_{yk}d^2}{3R_e R_t^2 f_{es} t_s^2}} - 1\right] t_s d f_{es}$	$f_1 d_F^2\left(\sqrt{\dfrac{f_2}{6(f_1+f_2)f_1}} + \dfrac{t_2}{5d_F}\right)$	$1.05\dfrac{f_{h,1,k}t_1 d}{2+\beta}\left[\sqrt{2\beta^2(1+\beta)+\dfrac{4\beta(1+2\beta)M_{y,Rk}}{f_{h,1,k}dt_1^2}} - \beta\right]$
III_s			$\dfrac{R_e}{\gamma_{III}(2+R_e)}\left[\sqrt{2(1+R_e)+\dfrac{1.647(2+R_e)k_{ep}f_{yk}d^2}{3R_e^2 f_{es} t_s}} - 1\right] t_s d f_{es}$	$f_1 d_F^2\left(\sqrt{\dfrac{f_2}{6(f_1+f_2)f_1}} + \dfrac{t_1}{5d_F}\right)$	$1.05\sqrt{\dfrac{f_{h,1,k}t_1 d}{1+2\beta}}\left[\sqrt{2\beta^2(1+\beta)+\dfrac{4\beta(2+\beta)M_{y,Rk}}{f_{h,1,k}dt_1^2}} - \beta\right]$
IV			$\dfrac{d^2 f_{es}}{\gamma_{IV}}\sqrt{\dfrac{1.647 R_e k_{ep}f_{yk}}{3(1+R_e)f_{es}}}$	$f_1 d_F^2\sqrt{\dfrac{2f_2}{3(f_1+f_2)}\dfrac{f_y}{f_1}}$	$1.15\sqrt{\dfrac{2\beta}{1+\beta}}\sqrt{2M_{y,Rk}f_{h,1,k}d}$

① 本标准的计算公式适用于木与木、钢或混凝土之间的连接。

② 加拿大规范的计算公式适用于木与木、钢、混凝土或砌块之间的连接。

③ 欧洲规范的计算公式仅适用于木与木或工程木产品之间的连接，本书忽略销轴类紧固件绳索效应对承载力的影响。

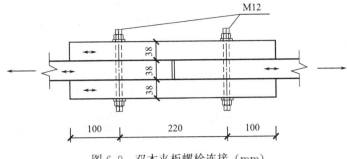

图 6.9 双木夹板螺栓连接（mm）

解：（1）按本标准

全干相对密度 $\qquad G=0.42$

销槽承压强度 $\qquad f_{es}=f_{em}=77G=77\times0.42=32.34（\text{N/mm}^2）$

构件厚度 $\qquad t_s=t_m=38\text{mm}$

强度系数 $\qquad R_e=f_{em}/f_{es}=1.0$

厚度系数 $\qquad R_t=t_m/t_s=1.0$

$\qquad R_eR_t=1.0<2.0$

直径 $\qquad d=12\text{mm}$

屈服强度 $\qquad f_{yk}=240\text{N/mm}^2$

屈服系数 $\qquad k_{ep}=1.0$

抗力分项系数 $\qquad \gamma_I=4.38；\gamma_{III}=2.22，\gamma_{IV}=1.88$

屈服模式 I_s $\qquad k_I=R_eR_t/\gamma_I=1.0/4.38=0.23$

屈服模式 I_m $\qquad k_I=R_eR_t/2\gamma_I=0.5/4.38=0.11$

屈服模式 III_s

$$k_{III}=\frac{R_e}{\gamma_{III}（2+R_e）}\left[\sqrt{\frac{2（1+R_e）}{R_e}+\frac{1.647（2+R_e）k_{ep}f_{yk}d^2}{3R_ef_{es}t_s^2}}-1\right]$$

$$=\frac{1.0}{2.22（2+1.0）}\left[\sqrt{\frac{2（1+1.0）}{1.0}+\frac{1.647（2+1.0）1.0\times240\times12^2}{3\times1.0\times32.34\times38^2}}-1\right]=0.19$$

屈服模式 IV

$$k_{IV}=\frac{d}{\gamma_{IV}t_s}\sqrt{\frac{1.647R_ek_{ep}f_{yk}}{3（1+R_e）f_{es}}}=\frac{12}{1.88\times38}\sqrt{\frac{1.647\times1.0\times1.0\times240}{3（1+1.0）32.34}}=0.24$$

单螺栓承载力 $\qquad Z=2k_{min}t_sdf_{es}=2\times0.11\times38\times12\times32.34=3.24（\text{kN}）$

（2）按加拿大规范

按表 3.10，材质等级 I_c 的云杉-松-冷杉对应北美目测分级等级 Select Structural。

全干相对密度 $\qquad G=0.42$

系数 $\qquad J_x=1.0$

直径 $\qquad d_F=12\text{mm}$

屈服强度 $\qquad f_y=240\text{N/mm}^2$

销槽承压强度

$f_1 = f_2 = 50G (1-0.01 d_F) J_x = 50 \times 0.42 (1-0.01 \times 12) 1.0 = 18.48 (\text{N/mm}^2)$

屈服模式 I_s $n_{u.a} = f_1 d_F t_1 = 18.48 \times 12 \times 38 = 8.43 (\text{kN})$

屈服模式 I_m $n_{u.c} = f_2 d_F t_2 / 2 = 18.48 \times 12 \times 38 / 2 = 4.21 (\text{kN})$

屈服模式 III_s $n_{u.d} = f_1 d_F^2 \left(\sqrt{\dfrac{f_2}{6 (f_1+f_2)} \dfrac{f_y}{f_1}} + \dfrac{t_1}{5d_F} \right)$

$$= 18.48 \times 12^2 \left(\sqrt{\frac{18.48}{6 (18.48+18.48)} \frac{240}{18.48}} + \frac{38}{5 \times 12} \right)$$

$$= 4.45 (\text{kN})$$

屈服模式 IV $n_{u.g} = f_1 d_F^2 \sqrt{\dfrac{2f_2}{3 (f_1+f_2)} \dfrac{f_y}{f_1}}$

$$= 18.48 \times 12^2 \sqrt{\frac{2 \times 18.48}{3 (18.48+18.48)} \frac{240}{18.48}} = 5.54 (\text{kN})$$

屈服系数 $\phi_y = 0.8$

单螺栓承载力 $N_r = 2\phi_y \min (n_{u.i}) = 2 \times 0.8 \times 4.21 = 6.74 (\text{kN})$

（3）按欧洲规范

按《欧洲结构用木材—强度等级—目测分级和树种标准》（以下简称 EN 1912），Select Structural 的云杉-松-冷杉对应欧洲针叶木强度等级 C24。

厚度 $t_1 = t_2 = 38\text{mm}$

系数 $\beta = 1$

直径 $d = 12\text{mm}$

极限抗拉强度 $f_{u.k} = 400\text{N/mm}^2$

屈服弯矩 $M_{y.Rk} = 0.3 f_{u.k} d^{2.6} = 0.3 \times 400 \times 12^{2.6} = 7.67 \times 10^4 (\text{N} \cdot \text{mm})$

密度 $\rho_k = 350\text{kg/m}^3$

销槽承压强度

$f_{h.0.k} = 0.082 (1-0.01d) \rho_k = 0.082 (1-0.01 \times 12) 350 = 25.26 (\text{N/mm}^2)$

屈服模式 I_s $F_{v.Rk.1} = f_{h.0.k} t_1 d = 25.26 \times 38 \times 12 = 11.52 (\text{kN})$

屈服模式 I_m $F_{v.Rk.2} = 0.5 f_{h.0.k} t_2 d = 0.5 \times 25.26 \times 38 \times 12 = 5.76 (\text{kN})$

屈服模式 III_s

$$F_{t.Rk.3} = 1.05 \frac{f_{h.0.k} t_1 d}{2+\beta} \left[\sqrt{2\beta (1+\beta) + \frac{4\beta (2+\beta) M_{y.Rk}}{f_{h.0.k} d t_1^2}} - \beta \right]$$

$$= 1.05 \frac{25.26 \times 38 \times 12}{2+1} \left[\sqrt{2 (1+1) + \frac{4 (2+1) \times 7.67 \times 10^4}{25.26 \times 12 \times 38^2}} - 1 \right]$$

$$= 5.93 (\text{kN})$$

屈服模式 IV

$$F_{v.Rk.4} = 1.15 \sqrt{\frac{2\beta}{1+\beta}} \sqrt{2M_{y.Rk} f_{h.0.k} d}$$

$$= 1.15 \sqrt{\frac{2}{1+1}} \sqrt{2 \times 7.67 \times 10^4 \times 25.26 \times 12} = 7.84 (\text{kN})$$

连接分项系数 $\gamma_{\text{M. connection}}=1.3$

荷载作用系数 $k_{\text{mod. med}}=0.8$

单螺栓承载力 $F_{\text{v. Rd}}=2\dfrac{k_{\text{mod. med}}}{\gamma_{\text{M. connection}}}\min(F_{\text{v. Rk. i}})=2\dfrac{0.8}{1.3}5.76=7.09\ (\text{kN})$

例题 6-4 中,按各标准(按 2005 年版计算的过程从略)计算得到的单个 M12 螺栓双剪承载力设计值如表 6.3 所示,其破坏模式均为 I_{m}。

例题 6-4 结果比较 表 6.3

木-木-木双剪螺栓连接	2005 年版	本标准	加拿大规范	欧洲规范
单个 M12 螺栓双剪承载力(kN)	5.84	3.24	6.74	7.09
破坏模式	/	I_{m}	I_{m}	I_{m}

【例题 6-5】

木-木-木单剪钉连接:一材质等级为 I_{c} 的云杉-松-冷杉接长接头,采用双木夹板钉连接(图 6.10),木构件截面均为 38mm×140mm,含水率为 19%。普通钉的直径 d 为 3.1mm,长度 l 为 65mm。该连接处于正常使用环境,设计使用年限为 50 年,承受按基本组合的轴向拉力设计值为 2kN。要求按本标准验算该连接的承载力。

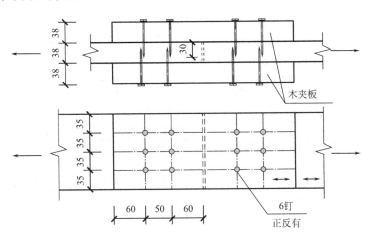

图 6.10 双木夹板钉连接(mm)

解:间距复核

钉长 $l=65\text{mm}$

钉帽厚 $t_{\text{nail}}=1.8\text{mm}$

钉贯入深度 $l_{\text{m}}=65-1.8-38=25.2\ (\text{mm})<10d=31\ (\text{mm})$

钉侧面深度 $l_{\text{s}}=38\text{mm}$

钉直径 $d=3.1\text{mm}<6\text{mm}$

钉 $l/d=\min(l_{\text{s}}/d,\ l_{\text{m}}/d)=\min(38/3.1,\ 25.2/3.1)=8.1>6$

端距 $e_1=60\text{mm}>14d=43.4\ (\text{mm})$ 满足

间距 $s=50\text{mm}>8d=24.8\ (\text{mm})$ 满足

行距 $\qquad r=35\text{mm}>4d=12.4$（mm） $\qquad\qquad$ 满足

边距 $\qquad e_2=35\text{mm}=\max（3d,r）=\max（9.1,35）$ $\qquad$ 满足

钉尖长 $\qquad t_{\text{point}}=4.9\text{mm}$

厚度（较厚）$\qquad t_{\text{m}}=38\text{mm}$

厚度 $\qquad t_{\text{s}}=l-t_{\text{nail}}-t_{\text{point}}-l_{\text{s}}=65-1.8-4.9-38=20.3$（mm）本标准 6.2.9

强度系数 $\qquad R_{\text{e}}=f_{\text{em}}/f_{\text{es}}=1.0$

厚度系数 $\qquad R_{\text{t}}=t_{\text{m}}/t_{\text{s}}=38/20.3=1.87$

$\qquad\qquad R_{\text{e}}R_{\text{t}}=1.87\leqslant1.0$（单剪），$R_{\text{e}}R_{\text{t}}=1.0$（屈服模式 I_{s}）

钉屈服强度 $\qquad f_{\text{yk}}=300\text{N/mm}^2$

屈服系数 $\qquad k_{\text{ep}}=1.0$

全干相对密度 $\qquad G=0.42\text{N/mm}^2$

销槽承压强度 $\qquad f_{\text{es}}=115G^{1.84}=115\times0.42^{1.84}=23.31$（N/mm^2）

屈服模式 I_{s} $\qquad k_{\text{I}}=R_{\text{e}}R_{\text{t}}/\gamma_{\text{I}}=1/3.42=0.29$

屈服模式 II $\qquad k_{\text{II}}=\dfrac{\sqrt{R_{\text{e}}+2R_{\text{e}}^2（1+R_{\text{t}}+R_{\text{t}}^2）+R_{\text{t}}^2R_{\text{e}}^3}-R_{\text{e}}（1+R_{\text{t}}）}{\gamma_{\text{II}}（1+R_{\text{e}}）}$

$\qquad\qquad\qquad =\dfrac{\sqrt{1+2（1+1.87+1.87^2）+1.87^2}-1（1+1.87）}{2.83（1+1）}=0.23$

屈服模式 III_{m} $\qquad k_{\text{III}}=\dfrac{R_{\text{e}}R_{\text{t}}}{\gamma_{\text{III}}（1+2R_{\text{e}}）}\left[\sqrt{2（1+R_{\text{e}}）+\dfrac{1.647（1+2R_{\text{e}}）k_{\text{ep}}f_{\text{yk}}d^2}{3R_{\text{e}}R_{\text{t}}^2f_{\text{es}}t_{\text{s}}^2}}-1\right]$

$\qquad\qquad\qquad =\dfrac{1.87}{1.97（1+2）}\left[\sqrt{2（1+1）+\dfrac{1.647（1+2）\times300\times3.1^2}{3\times1.87^2\times23.31\times20.3^2}}-1\right]=0.33$

屈服模式 III_{s}

$\qquad\qquad k_{\text{III}}=\dfrac{R_{\text{e}}}{\gamma_{\text{III}}（2+R_{\text{e}}）}\left[\sqrt{\dfrac{2（1+R_{\text{e}}）}{R_{\text{e}}}+\dfrac{1.647（2+R_{\text{e}}）k_{\text{ep}}f_{\text{yk}}d^2}{3R_{\text{e}}f_{\text{es}}t_{\text{s}}^2}}-1\right]$

$\qquad\qquad\quad =\dfrac{1}{1.97（2+1）}\left[\sqrt{\dfrac{2（1+1）}{1}+\dfrac{1.647（2+1）\times300\times3.1^2}{3\times23.31\times20.3^2}}-1\right]=0.19$

屈服模式 IV

$\qquad\qquad k_{\text{IV}}=\dfrac{d}{\gamma_{\text{IV}}t_{\text{s}}}\sqrt{\dfrac{1.647R_{\text{e}}k_{\text{ep}}f_{\text{yk}}}{3（1+R_{\text{e}}）f_{\text{es}}}}=\dfrac{3.1}{1.62\times20.3}\sqrt{\dfrac{1.647\times300}{3（1+1）23.31}}=0.18$

单钉单剪切面承载力 $\qquad Z=k_{\text{min}}t_{\text{s}}df_{\text{es}}=0.18\times20.3\times3.1\times23.21=0.26$（kN）

含水率调整 $\qquad C_{\text{m}}=0.8$

温度调整 $\qquad C_{\text{t}}=1.0$

使用年限调整 $\qquad C_{\text{n}}=1.0$

群栓组合系数 $\qquad k_{\text{g}}=1.0$ $\qquad\qquad\qquad\qquad$ 附录 K.2.2-1

连接承载力 $\qquad Z_{\text{d}}=12C_{\text{m}}C_{\text{t}}C_{\text{n}}k_{\text{g}}Z=12\times0.8\times0.26$

$\qquad\qquad\qquad =2.5$（kN）$>2\text{kN}$ $\qquad\qquad\qquad$ 满足

例题 6-5 中，按各标准（按 2005 年版计算的过程从略）计算得到的单个 3.1mm 普通钉单剪承载力设计值如表 6.4 所示。

例题 6-5 结果比较   表 6.4

木-木-木单剪钉连接	2005 年版	本标准
单个 3.1mm 普通钉单剪承载力(kN)	0.39	0.26

【例题 6-6】

钢-木-钢双剪螺栓连接：一材质等级为 I_c 的云杉-松-冷杉接长接头（图 6.11），采用双钢板夹木螺栓连接，木构件截面均为 $38mm \times 140mm$，两侧 Q235 钢板厚度为 6mm。螺栓采用直径 d 为 12mm 的 4.6 级 C 级普通螺栓。该连接处于正常使用环境，设计使用年限为 50 年。要求分别按本标准、加拿大规范、欧洲规范计算单个螺栓的承载力。

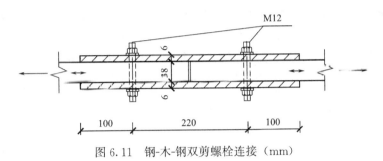

图 6.11 钢-木-钢双剪螺栓连接（mm）

解：（1）按本标准

全干相对密度 $G = 0.42$

钢销槽承压强度 $f_{es} = 1.1 f_c^b = 1.1 \times 305 = 335.5$（N/mm^2）

木销槽承压强度 $f_{em} = 77G = 77 \times 0.42 = 32.34$（N/mm^2）

强度系数 $R_e = f_{em}/f_{es} = 32.34/335.5 = 0.096$

钢构件厚度 $t_s = 6mm$

木构件厚度 $t_m = 38mm$

厚度系数 $R_t = t_m/t_s = 38/6 = 6.33$

$R_e R_t = 0.096 \times 6.33 = 0.61 < 2.0$

直径 $d = 12mm$

屈服强度 $f_{yk} = 240 N/mm^2$

屈服系数 $k_{ep} = 1.0$

屈服模式 I_s $k_1 = R_e R_t / \gamma_I = 0.61/4.38 = 0.14$

屈服模式 I_m $k_1 = R_e R_t / 2\gamma_I = 0.14/2 = 0.07$

屈服模式 III_s

$$k_{III} = \frac{R_e}{\gamma_{III}(2+R_e)}\left[\sqrt{\frac{2(1+R_e)}{R_e} + \frac{1.647(2+R_e)k_{ep}f_{yk}d^2}{3R_e f_{es}t_s^2}} - 1\right]$$

$$= \frac{0.096}{2.22(2+0.096)}\left[\sqrt{\frac{2(1+0.096)}{0.096} + \frac{1.647(2+0.096)\times240\times12^2}{3\times0.096\times335.5\times6^2}} - 1\right] = 0.14$$

屈服模式 IV

$$k_{IV} = \frac{d}{\gamma_{IV}t_s}\sqrt{\frac{1.647R_e k_{ep} f_{yk}}{3(1+R_e)f_{es}}} = \frac{12}{1.88\times6}\sqrt{\frac{1.647\times0.096\times240}{3(1+0.096)335.5}} = 0.20$$

单螺栓承载力 $\quad Z=2k_{\min}t_s df_{es}=2\times0.07\times6\times12\times335.5=3.38$ （kN）

（2）按加拿大规范

按表 3.10，材质等级 I_c 的云杉-松-冷杉对应北美目测分级等级 Select Structural。

全干相对密度 $\quad G=0.42$

系数 $\quad J_x=1.0$

直径 $\quad d_F=12mm$

屈服强度 $\quad f_y=240N/mm^2$

钢销槽承压强度 $\quad f_1=930N/mm^2$ （Grade SS230）

木销槽承压强度

$f_2=50G$ （$1-0.01d_F$） $J_x=50\times0.42$ （$1-0.01\times12$） $1.0=18.48$ （N/mm^2）

屈服模式 I_s $\quad n_{u.a}=f_1d_Ft_1=930\times12\times6=66.96$ （kN）

屈服模式 I_m $\quad n_{u.c}=f_2d_Ft_2/2=18.48\times12\times38/2=4.21$ （kN）

屈服模式 III_s

$$n_{u.d}=f_1d_F^2\left(\sqrt{\frac{f_2}{6(f_1+f_2)}\frac{f_y}{f_1}}+\frac{t_1}{5d_F}\right)$$

$$=930\times12^2\left(\sqrt{\frac{18.48}{6(930+18.48)}\frac{240}{930}}+\frac{6}{5\times12}\right)=17.27$$ （kN）

屈服模式 IV

$$n_{u.g}=f_1d_F^2\sqrt{\frac{2f_2}{3(f_1+f_2)}\frac{f_y}{f_1}}=930\times12^2\sqrt{\frac{2\times18.48}{3(930+18.48)}\frac{240}{930}}=7.75$$ （kN）

屈服系数 $\quad \phi_y=0.8$

单螺栓承载力 $\quad N_r=2\phi_y\min(n_{u.i})=2\times0.8\times4.21=6.74$ （kN）

（3）按欧洲规范

按 EN 1912，Select Structural 的云杉-松-冷杉对应欧洲针叶木强度等级 C24。

薄钢板厚度 $\quad t_1=6mm\leqslant0.5d=6mm$

木厚度 $\quad t_2=38mm$

直径 $\quad d=12mm$

极限抗拉强度 $\quad f_{u.k}=400N/mm^2$

屈服弯矩 $\quad M_{y.Rk}=0.3f_{u.k}d^{2.6}=0.3\times400\times12^{2.6}=7.67\times10^4$ （N·mm）

密度 $\quad \rho_k=350kg/m^3$

销槽承压强度

$f_{h.2.k}=0.082$ （$1-0.01d$） $\rho_k=0.082$ （$1-0.01\times12$） $350=25.26$ （N/mm^2）

屈服模式 I_m $\quad F_{v.Rk.j}=0.5f_{h.2.k}t_2d=0.5\times25.26\times38\times12=5.76$ （kN）

屈服模式 IV

$F_{v.Rk.k}=1.15\sqrt{2M_{y.Rk}f_{h.2.k}d}=1.15\times\sqrt{2\times7.67\times10^4\times25.26\times12}=7.84$ （kN）

连接分项系数 $\quad \gamma_{M.connection}=1.3$

荷载作用系数 $\quad k_{mod.med}=0.8$

单螺栓承载力 $\quad F_{v.Rd}=2\dfrac{k_{mod.med}}{\gamma_{M.connection}}\min(F_{v.Rk.i})=2\times\dfrac{0.8}{1.3}\times5.76=7.09$ （kN）

例题 6-6 中，按各标准（按 2005 年版计算的过程从略）计算得到的单个 M12 螺栓双剪承载力设计值如表 6.5 所示，其破坏模式均为 I_m。

例题 6-6 结果比较   表 6.5

钢-木-钢双剪螺栓连接	2005 年版	本标准	加拿大规范	欧洲规范
单个 M12 螺栓双剪承载力(kN)	7.79	3.38	6.74	7.09
破坏模式	/	I_m	I_m	I_m

【例题 6-7】

木-钢-木双剪螺栓连接：一材质等级为 I_c 的花旗松-落叶松（加拿大）接长接头（图 6.12），截面尺寸为 114mm×114mm，中央开槽宽度为 12mm。采用钢插板螺栓连接，Q235 钢插板厚度为 8mm。螺栓采用直径 d 为 12mm 的 4.6 级 C 级普通螺栓。该连接处于正常使用环境，设计使用年限为 50 年。要求分别按本标准、加拿大规范、欧洲规范计算单个螺栓的承载力。

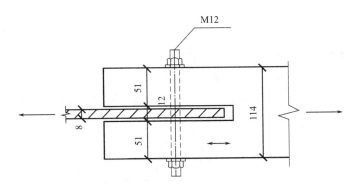

图 6.12　木-钢-木双剪螺栓连接（mm）

解：（1）按本标准

全干相对密度	$G=0.49$
木销槽承压强度	$f_{es}=77G=77×0.49=37.73\ (N/mm^2)$
钢销槽承压强度	$f_{em}=1.1f_c^b=1.1×305=335.5\ (N/mm^2)$
强度系数	$R_e=f_{em}/f_{es}=335.5/37.73=8.89$
木构件厚度	$t_s=51mm$
钢插板厚度	$t_m=8mm$
厚度系数	$R_t=t_m/t_s=8/51=0.16$
	$R_eR_t=1.42<2.0$
直径	$d=12mm$
屈服强度	$f_{yk}=240N/mm^2$
屈服系数	$k_{ep}=1.0$
屈服模式 I_s	$k_1=R_eR_t/\gamma_1=1.42/4.38=0.32$
屈服模式 I_m	$k_1=R_eR_t/2\gamma_1=0.32/2=0.16$

屈服模式Ⅲ$_s$

$$k_{\mathrm{III}} = \frac{R_e}{\gamma_{\mathrm{III}} (2+R_e)} \left[\sqrt{\frac{2 (1+R_e)}{R_e} + \frac{1.647 (2+R_e) k_{ep} f_{yk} d^2}{3 R_e f_{es} t_s^2}} - 1 \right]$$

$$= \frac{8.89}{2.22 \times (2+8.89)} \left[\sqrt{\frac{2 (1+8.89)}{8.89} + \frac{1.647 (2+8.89) \times 240 \times 12^2}{3 \times 8.89 \times 37.73 \times 51^2}} - 1 \right] = 0.21$$

屈服模式Ⅳ

$$k_{\mathrm{IV}} = \frac{d}{\gamma_{\mathrm{IV}} t_s} \sqrt{\frac{1.647 R_e k_{ep} f_{yk}}{3 (1+R_e) f_{es}}} = \frac{12}{1.88 \times 51} \sqrt{\frac{1.647 \times 8.89 \times 240}{3 \times (1+8.89) \times 37.73}} = 0.22$$

单螺栓承载力 $Z = 2k_{\min} t_s d f_{es} = 2 \times 0.16 \times 51 \times 12 \times 37.73 = 7.39$ (kN)

（2）按加拿大规范

全干相对密度 $G = 0.49$

系数 $J_x = 1.0$

直径 $d_F = 12\mathrm{mm}$

屈服强度 $f_y = 240\mathrm{N/mm^2}$

木销槽承压强度

$f_1 = 50G (1-0.01 d_F) J_x = 50 \times 0.49 (1-0.01 \times 12) 1.0 = 21.56$ (N/mm²)

钢销槽承压强度 $f_2 = 930\mathrm{N/mm^2}$ （Grade SS230）

屈服模式Ⅰ$_s$ $n_{u.a} = f_1 d_F t_1 = 21.56 \times 12 \times 51 = 13.19$ (kN)

屈服模式Ⅰ$_m$ $n_{u.c} = f_2 d_F t_2/2 = 930 \times 12 \times 8/2 = 44.64$ (kN)

屈服模式Ⅲ$_s$

$$n_{u.d} = f_1 d_F^2 \left(\sqrt{\frac{f_2}{6 (f_1+f_2)} \frac{f_y}{f_1}} + \frac{t_1}{5 d_F} \right)$$

$$= 21.56 \times 12^2 \left(\sqrt{\frac{930}{6 \times (21.56+930)} \times \frac{240}{21.56}} + \frac{51}{5 \times 12} \right) = 6.82 \text{ (kN)}$$

屈服模式Ⅳ $n_{u.g} = f_1 d_F^2 \sqrt{\dfrac{2 f_2}{3 (f_1+f_2)} \dfrac{f_y}{f_1}}$

$$= 21.56 \times 12^2 \sqrt{\frac{2 \times 930}{3 \times (21.56+930)} \times \frac{240}{21.56}} = 8.36 \text{ (kN)}$$

屈服系数 $\phi_y = 0.8$

单螺栓承载力 $N_r = 2\phi_y \min (n_{u.i}) = 2 \times 0.8 \times 6.82 = 10.91$ (kN)

（3）按欧洲规范

木厚度 $t_1 = 51\mathrm{mm}$

钢板厚度 $t_2 = 8\mathrm{mm} > 0.5d = 6\mathrm{mm}$

直径 $d = 12\mathrm{mm}$

极限抗拉强度 $f_{u.k} = 400\mathrm{N/mm^2}$

屈服弯矩 $M_{y.Rk} = 0.3 f_{u.k} d^{2.6} = 0.3 \times 400 \times 12^{2.6} = 7.67 \times 10^4$ (N·mm)

密度 $\rho_k = 350\mathrm{kg/m^3}$

销槽承压强度

$f_{h,1,k}=0.082\ (1-0.01d)\ \rho_k=0.082\ (1-0.01\times12)\ 350=25.26\text{N/mm}^2$

屈服模式 I_s $\qquad F_{v,Rk,f}=f_{h,1,k}t_1d=25.26\times51\times12=15.46$ （kN）

屈服模式 III_s

$$F_{v,Rk,g}=f_{h,1,k}t_1d\left[\sqrt{2+\frac{4M_{y,Rk}}{f_{h,1,k}dt_1^2}}-1\right]$$

$$=25.26\times51\times12\left[\sqrt{2+\frac{4\times7.67\times10^4}{25.26\times12\times51^2}}-1\right]=8.44\ \text{（kN）}$$

屈服模式 IV

$F_{v,Rk,h}=2.3\sqrt{2M_{y,Rk}f_{h,1,k}d}=2.3\sqrt{2\times7.67\times10^4\times25.26\times12}=15.69$ （kN）

连接分项系数 $\qquad \gamma_{M,connection}=1.3$

荷载作用系数 $\qquad k_{mod,med}=0.8$

单螺栓承载力 $\qquad F_{v,Rd}=2\dfrac{k_{mod,med}}{\gamma_{M,connection}}\min\ (F_{v,Rk,i})=2\times\dfrac{0.8}{1.3}\times8.44=10.38$ （kN）

例题 6-7 中，按各标准（按 2005 年版计算的过程从略）计算得到的单个 M12 螺栓双剪承载力设计值如表 6.6 所示，其破坏模式分别为 I_m 和 III_s。

例题 6-7 结果比较 表 6.6

木-钢-木双剪螺栓连接	2005 年版	本标准	加拿大规范	欧洲规范
单个 M12 螺栓双剪承载力(kN)	6.86	7.39	10.91	10.38
破坏模式	/	I_m	III_s	III_s

7 方木原木结构

7.1 结构类型

🔖 标准的规定

7.1.1 方木原木结构可采用下列结构类型：

1 穿斗式木结构；

2 抬梁式木结构；

3 井干式木结构；

4 木框架剪力墙结构；

5 梁柱式木结构；

6 作为楼盖或屋盖在混凝土结构、砌体结构、钢结构中组合使用的混合木结构。

🔖 对标准规定的理解

相较于轻型木结构，木框架剪力墙结构的最大特点为：木框架角柱跃层贯通（图7.1*a*）；木框架梁柱间和楼面搁栅或次梁与木框架梁之间通过金属连接件连接（图7.1*b*）；框架梁与楼面搁栅或次梁顶面齐平。表7.1给出了木框架剪力墙结构与轻型木结构在设计方法上的主要差别。

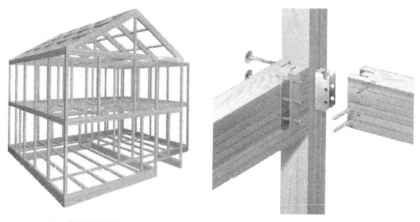

(*a*) 木框架梁柱体系　　　　　　　　　　(*b*) 木框架梁柱节点

图 7.1　木框架剪力墙结构

木框架剪力墙结构与轻型木结构的比较　　　　表 7.1

内容	木框架剪力墙结构	轻型木结构	备注
允许层数	2	3	本标准 9.1.1
允许建筑高度(m)	10	10	《建规》11.0.3
抗侧力设计方法	构造/工程设计法		本标准 7.1.3、9.1.6
地震作用计算方法	底部剪力法/振型分解反应谱法		本标准 4.2.6~4.2.8
水平地震影响系数 α_1	空间结构模型计算	α_{max}	本标准 4.2.7
阻尼比	5%		本标准 4.2.9
层间位移角限值	1/250		本标准 4.1.10

7.2 水平力分配

标准的规定

7.1.3 由地震作用或风荷载产生的水平力应由柱、剪力墙、楼盖和屋盖共同承受。木框架剪力墙结构的基本构造要求可按本标准第 9.1 节的相关规定执行。

7.3.5 木框架剪力墙结构的墙体作为剪力墙时，剪力墙受剪承载力设计值 V_d 应按下式进行计算：

$$V_d = \sum f_{vd} l \tag{7.3.5}$$

式中：f_{vd}——单面采用木基结构板作面板的剪力墙的抗剪强度设计值（kN/m），应按本标准附录 N 的规定取值；

l——平行于荷载方向的剪力墙墙肢长度（m）。

7.3.8 钉连接的单面覆板剪力墙顶部的水平位移应按下式计算：

$$\Delta = \frac{V_k h_w}{K_w} \tag{7.3.8}$$

式中：Δ——剪力墙顶部水平位移（mm）；

V_k——每米长度上剪力墙顶部承受的水平剪力标准值（kN/m）；

h_w——剪力墙的高度（mm）；

K_w——剪力墙的抗剪刚度，应按本标准附录表 N.0.1 的规定取值。

对标准规定的理解

木框架剪力墙结构的剪力墙受剪承载力设计值 V_d 仅与抗剪强度 f_{vd} 和墙肢长度 l 有关，顶部水平位移仅考虑剪力墙自身的剪切变形。而抗剪强度 f_{vd} 的大小与覆面板板厚、钉长度、钉直径和钉间距有关，与木框架间柱的截面大小无关。木框架柱承担的由地震作用或风荷载产生的水平力，可由木框架柱与剪力墙之间的变形协调关系确定。

8 胶合木结构

8.1 概述

同等组合的层板胶合木构件应采用同一树种或树种组合的层板（相同材质等级或强度等级）制作；异等组合的层板胶合木构件宜采用同一树种或树种组合的层板（不同强度等级）制作。当胶合木构件处于长期相对湿度较高的使用环境时，其组坯宜按图 8.1 所示，将最外侧层板按心材面向外放置，其余层板均应按相反方向放置。

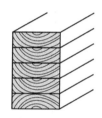

图 8.1　最外侧层板的心材面向外组坯

附录 A 给出了一个 5 层胶合木结构的算例和木结构（胶合木）设计总说明模板，供读者参考。

8.2 基本构造和强度等级

标准的规定

8.0.2　层板胶合木构件各层木板的纤维方向应与构件长度方向一致。层板胶合木构件截面的层板层数不应低于 4 层。

8.0.5　层板胶合木结构的设计与构造要求应符合现行国家标准《胶合木结构技术规范》GB/T 50708 的相关规定。

8.0.6　层板胶合木构件的制作要求应符合现行国家标准《胶合木结构技术规范》GB/T 50708 和《结构用集成材》GB/T 26899 的相关规定。

对标准规定的理解

为了保证构件在承受荷载时各层层板间的整体性，在进行胶合时，各层层板木纹的顺纹方向应与构件的长度方向一致。当结构胶合木构件截面宽度超过常用层板宽度时，可采用横向拼宽（图 8.2a）的方法来满足构件截面的设计宽度。层板通常采用指接接长，从而解决了天然木材长度限制的问题，指接可分为水平指接（图 8.2b）和垂直指接（图 8.2c）。

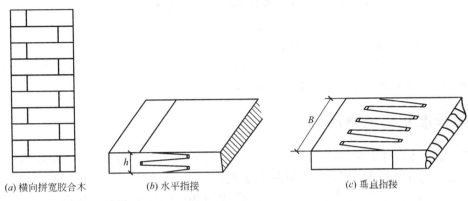

(a) 横向拼宽胶合木   (b) 水平指接   (c) 垂直指接

图 8.2 常见胶合木构件的组坯和指接接头

当采用剪板进行连接的胶合木构件应参照《胶规》的相关规定进行构件节点的连接设计。为了保证制作胶合木构件按照设计要求生产合格产品，层板胶合木构件的制作应同时符合《集成材》的相关规定。表 8.1 给出了各规范相对应的同等组合层板胶合木强度等级。

同等组合层板胶合木的强度等级   表 8.1

《胶规》	《集成材》	本标准
TC_T30	TC_T30	TC_T40
TC_T27	TC_T27	TC_T36
TC_T24	TC_T24	TC_T32
TC_T21	TC_T21	TC_T28
TC_T18	TC_T18	TC_T24
普通层板胶合木	TC_T15	普通层板胶合木

8.3　正交胶合木

标准的规定

8.0.3　正交胶合木构件各层木板之间纤维的方向应相互叠层正交，截面的层板层数不应低于 3 层，并且不宜大于 9 层，其总厚度不应大于 500mm。

8.0.7　制作正交胶合木所用木板的尺寸应符合下列规定：

1　层板厚度 t 为：15mm $\leqslant t \leqslant$ 45mm；

2　层板宽度 b 为：80mm $\leqslant b \leqslant$ 250mm。

8.0.9　正交胶合木构件可用于楼面板、屋面板和墙板，构件的设计应符合本标准附录 G 的相关规定。

G.0.1　正交胶合木的强度设计值应根据外侧层板采用的树种和强度等级，按本标准第 4 章和附录 D 中规定的木材强度设计值选用。其中，正交胶合木的抗弯强度设计值还应乘以组合系数 k_c。组合系数 k_c 应按下式计算，且不应大于 1.2。

$$k_c = 1 + 0.025n \tag{G.0.1}$$

式中：n——最外侧层板并排配置的层板数量。

G.0.2　正交胶合木构件的应力和有效刚度应基于平面假设和各层板的刚度进行计算。计算时应只考虑顺纹方向的层板参与计算。

💡 对标准规定的理解

正交胶合木构件主要是板式承重构件，适用于楼面板、屋面板，也可用作墙板构件。目前，在欧洲地区部分国家，当采用钢筋混凝土结构核心筒的结构形式后，正交胶合木结构已建成 8~9 层高的居住建筑。加拿大 UBC 大学 Brock Commons 学生宿舍（图 8.3）为底层混凝土板柱、混凝土核心筒与正交胶合木楼板（CLT）、平行木片胶合木（PSL）和胶合木柱的混合结构。

图 8.3　加拿大 UBC 大学 Brock Commons 学生宿舍建造过程

在加拿大规范中规定，CLT 的组坯方式应为上下对称正交铺设，其中同方向的层板应由相同等级和树种组合的锯材制作而成，CLT 剪力墙的最小厚度不应小于 87mm。对于高宽比小于 2 的 CLT 剪力墙，应按相关规定先切割，再通过耗能连接重新连接成剪力墙墙肢。

【例题 8-1】

一层数为 3 层的 CLT 板式构件（图 8.4），板宽度 b 为 1m，板跨度 l 为 4m，外侧层板顺纹方向与跨度方向平行，板厚度 h 为 114mm，层板采用厚度 t_i 为 38mm，宽度 b_i 为 140mm 材质等级为 I_c 的云杉-松-冷杉目测分级层板；制作构件时，施加胶合压力大于 0.07MPa。该板式构件处于正常使用条件，安全等级为二级，设计使用年限为 50 年，其上表面作用的均布荷载（恒荷载＋活荷载）按基本组合设计值 q 为 4kN/m²，活/恒荷载比率大于 1，要求验算其受弯、滚剪承载力。

解： 弹性模量　　　　$E_i = E_l = 10500 \text{N/mm}^2$

第 1 层惯性矩　　　$I_1 = 4.57 \times 10^6 \text{mm}^4$

第 1 层面积　　　　$A_1 = 3.8 \times 10^4 \text{mm}^2$

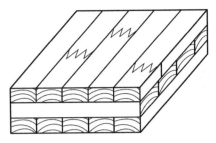

图 8.4 3 层的 CLT 板式构件

第 1 层厚度 $t_1 = 38\text{mm}$

第 1 层偏心距 $e_1 = 38\text{mm}$

第 3 层惯性矩 $I_3 = 4.57 \times 10^6 \text{mm}^4$

第 3 层面积 $A_3 = 3.8 \times 10^4 \text{mm}^2$

第 3 层厚度 $t_3 = 38\text{mm}$

第 3 层偏心距 $e_3 = 38\text{mm}$

有效抗弯刚度

$$EI = \sum_{i=1}^{3} (E_i I_i + E_i A_i e_i^2)$$
$$= 2 \times (10500 \times 4.57 \times 10^6 + 10500 \times 3.8 \times 10^4 \times 38^2) = 1.25 \times 10^{12} \ (\text{N} \cdot \text{mm}^2)$$

组合系数 $k_c = 1 + 0.025 \times 7 = 1.18 < 1.2$

I_c 级云杉-松-冷杉 $f_m = 13.4 \text{N/mm}^2$

外侧层板强度 $f_m = k_c f_m = 1.18 \times 13.4 = 15.81 \ (\text{N/mm}^2)$

跨高比 $l/h = 4000/114 = 35 > 10$

跨中弯矩 $M = qbl^2/8 = 4 \times 1 \times 4^2/8 = 8 \ (\text{kN} \cdot \text{m})$

抗弯验算 $\dfrac{ME_1 h}{2EI} = \dfrac{8 \times 10^6 \times 10500 \times 114}{2 \times 1.25 \times 10^{12}} = 3.83 \ (\text{N/mm}^2) < f_m = 15.81 \text{N/mm}^2$

顺纹层数 $n_l = 2$

顺纹总面积 $A = 2 \times 1000 \times 38 = 76000 \text{mm}^2$

有效弹性模量 $\dfrac{\sum\limits_{i=1}^{n_i} bt_i E_i}{A} = \dfrac{2 \times 1000 \times 38 \times 10500}{76000} = 10500 \ (\text{N/mm}^2)$

有效惯量 $I_{ef} = \dfrac{EI}{E_0} = \dfrac{1.25 \times 10^{12}}{10500} = 1.19 \times 10^8 \ (\text{mm}^4)$

静矩 $\Delta S = \dfrac{\sum\limits_{i=1}^{n_i/2} E_i bt_i e_i}{E_0} = \dfrac{10500 \times 1000 \times 38 \times 38}{10500} = 1.44 \times 10^6 \ (\text{mm}^3)$

滚剪强度 $f_r = 0.22 \ f_v = 0.22 \times 1.4 = 0.31 \ (\text{N/mm}^2)$

支座剪力 $V = ql/2 = 4 \times 4/2 = 8 \ (\text{kN})$

滚剪验算 $\dfrac{V \Delta S}{I_{ef} b} = \dfrac{8000 \times 1.44 \times 10^6}{1.19 \times 10^8 \times 1000} = 0.10 \ (\text{N/mm}^2) < f_r = 0.31 \text{N/mm}^2$

9 轻型木结构

9.1 适用范围

🔴 标准的规定

9.1.1 轻型木结构的层数不宜超过3层。对于上部结构采用轻型木结构的组合建筑，木结构的层数不应超过3层，且该建筑总层数不应超过7层。

🔴 对标准规定的理解

轻型木结构是一种将小尺寸木构件按不大于610mm的中心间距密置而成的结构形式。结构的承载力、刚度和整体性是通过主要结构构件（骨架构件）和覆面板（墙面板、楼面板和屋面板）共同作用得到的。轻型木结构亦称"平台式骨架结构"，这是因为施工时，每层楼面为一个平台，上一层结构的施工作业可在该平台上完成，其基本构造见图9.1。《建规》对轻型木结构建筑的允许建筑高度为10m，对于轻型木结构组合建筑的允许建筑高度为24m。附录B给出了一3层轻型木结构案例，介绍了夹板木剪力墙的性能，供读者参考。

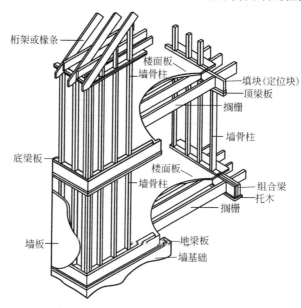

图 9.1 轻型木结构基本构造示意图

9.2 受剪承载力

标准的规定

9.2.4 轻型木结构的楼、屋盖受剪承载力设计值应按下式计算:

$$V_d = f_{vd} k_1 k_2 B_e \qquad (9.2.4)$$

式中:f_{vd}——采用木基结构板材的楼盖、屋盖抗剪强度设计值(kN/m),应按本标准附录 P 的规定取值。

附录 P 表 P.0.3-2 注 1:表中抗剪强度为钉连接的木基结构板材的面板,在干燥使用条件下,标准荷载持续时间的值;当考虑风荷载和地震作用时,表中抗剪强度应乘以调整系数 1.25。

9.3.4 轻型木结构的剪力墙应按下列规定进行设计:

2 单面采用竖向铺板或水平铺板的轻型木结构剪力墙受剪承载力设计值应按下式计算:

$$V_d = \sum f_{vd} k_1 k_2 k_3 l \qquad (9.3.4)$$

式中:f_{vd}——单面采用木基结构板材的剪力墙的抗剪强度设计值(kN/m),应按本标准附录 N 的规定取值。

附录 N 表 N.0.2 注 2:表中抗剪强度和刚度为钉连接的木基结构板材的面板,在干燥使用条件下,标准荷载持续时间的值;当考虑风荷载和地震作用时,表中抗剪强度和刚度应乘以调整系数 1.25。

对标准规定的理解

《建筑抗震设计规范(2016 年版)》GB 50011—2010 第 5.4.2 条和本标准第 4.1.8 条规定,结构构件的截面抗震验算,应采用下列表达式:

$$S \leqslant R/\gamma_{RE} \qquad (9.1)$$

式中:γ_{RE}——承载力抗震调整系数,本标准表 4.2.10 给出了木结构构件承载力调整系数的取值。

《建筑抗震设计规范(2016 年版)》GB 50011—2010 第 5.4.2 条条文说明指出:现阶段大部分结构构件截面抗震验算时,采用了各有关规范的承载力设计值 R_d,因此,抗震设计的抗力分项系数,就相应地变为非抗震设计的构件承载力设计值的抗震调整系数 γ_{RE},即 $\gamma_{RE} = R_d/R_{dE}$ 或 $R_{dE} = R_d/\gamma_{RE}$。叶列平等指出:γ_{RE} 是一个新、旧规范为保持经济性一致而产生的一个系数,或更准确地说,是安全系数的另一种表达形式。

本标准中 γ_{RE} 取值直接引用或参考了混凝土、钢结构承载力调整系数。对于轻型木结构楼盖、屋盖和剪力墙,考虑到地震短时间的动力作用可能使材料强度提高和建筑物整个使用时期内不一定可能出现规范设计地震荷载,其抗震截面验算则应按下式计算:

$$V_{floor} \leqslant V_d = 1.25 f_{vd} k_1 k_2 B_e / 0.85 \qquad (9.2)$$

$$V_{wall} \leqslant V_d = \sum 1.25 f_{vd} k_1 k_2 k_3 l / 0.85 \qquad (9.3)$$

式中：1.25——考虑地震作用时，抗剪强度调整系数；

  0.85——承载力调整系数。

9.3 剪力墙顶部水平位移

标准的规定

9.3.8 钉连接的单面覆板剪力墙顶部的水平位移应按下式计算：

$$\Delta=\frac{VH_w^3}{3EI}+\frac{MH_w^2}{2EI}+\frac{VH_w}{LK_w}+\frac{H_wd_a}{L}+\theta_iH_w \tag{9.3.8}$$

式中：Δ——剪力墙顶部位移总和（mm）；

  V——剪力墙顶部最大剪力设计值（N）；

  M——剪力墙顶部最大弯矩设计值（N·mm）；

  H_w——剪力墙高度（mm）；

  I——剪力墙转换惯性矩（mm⁴）；

  E——墙体构件弹性模量（N/mm²）；

  L——剪力墙长度（mm）；

  K_w——剪力墙剪切刚度（N/mm），包括木基结构板剪切变形和钉的滑移变形，应按本标准附录 N 的规定取值；

  d_a——墙体紧固件由剪力和弯矩引起的竖向伸长变形，包括抗拔紧固件的滑移、抗拔紧固件的伸长、连接板压坏等；

  θ_i——第 i 层剪力墙的转角，为该层及以下各层转角的累加。

对标准规定的理解

式（9.3.8）中的 E 应为剪力墙两端墙骨柱的弹性模量，d_a 的单位是 mm，通常取 1～2mm。式（9.3.8）中的第 1、2 项为剪力墙两端边界杆的变形引起的水平位移，第 3 项为木基结构板的剪切变形和钉变形引起的水平位移，第 4 项为剪力墙两端抗拔紧固件的伸长和局部承压变形引起的水平位移，第 5 项为剪力墙底部楼盖的转角引起的水平位移，故轻型木结构的侧向变形特征不属于纯剪切型。

计算剪力墙顶部的水平位移时，其顶部最大剪力、弯矩应采用多遇地震作用、风荷载标准组合。当剪力墙两端墙骨柱采用普通抗拔紧固件时，且两端墙骨柱相同时，其转换惯性矩 I（图9.2）可按下式计算：

$$I=\frac{A_cL_c^2}{2} \tag{9.4}$$

式中：A_c——受压端墙骨柱面积（mm²）；

  L_c——剪力墙计算长度（mm）；

当剪力墙两端采用通长钢拉杆作为抗拔紧固件时，其转换惯性矩 I 可按下式计算：

$$I=A_{tr}y_{tr}^2+Ac(L_c-y_{tr})^2 \tag{9.5}$$

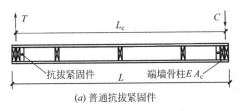 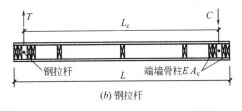

(a) 普通抗拔紧固件　　　　　　　　(b) 钢拉杆

图 9.2　转换惯性矩 I 计算简图

$$A_{tr} = \frac{E_t}{E} A_t \tag{9.6}$$

$$y_{tr} = \frac{A_c L_c}{A_{tr} + A_c} \tag{9.7}$$

式中：A_t——钢拉杆面积（mm^2）；

　　　E_t——钢拉杆弹性模量（N/mm^2）

【例题 9-1】

一高度 H_w 为 2.8m、长度 L 为 3.2m 的轻型木结构剪力墙，由材质等级为 II_c 的云杉-松-冷杉和双面定向木片板（OSB）覆面板组成，面板厚度为 12.5mm，墙骨柱间距为 600mm，钉直径为 3.66mm，钉入骨架构件最小深度为 41mm，钉间距为 100mm。端墙骨柱截面为 4 拼 38mm×140mm，顶梁板截面为 2 拼 38mm×140mm，底梁板截面为 38mm×140mm。地震作用下剪力墙顶部受到的标准组合剪力设计值 V 为 50kN，标准组合弯矩设计值 M 为 100kN·m。当采用普通抗拔紧固件时，剪力墙计算长度 L_c 为 3.05m；当采用直径为 20mm 的 Q235 钢拉杆时，剪力墙计算长度 L_c 为 3.1m。当忽略抗拔紧固件的伸长、局部承压变形等竖向变形和剪力墙底部楼盖的转角时，要求计算该墙体的顶部水平位移。

解：（1）采用普通抗拔紧固件

II_c 云杉-松-冷杉弹性模量 $E = 10000 N/mm^2$

受压端墙骨柱面积　　　　$A_c = 4 \times 38 \times 140 = 21280$（$mm^2$）

计算长度　　　　　　　　$L_c = 3.05m$

转换惯性矩　　　　　　　$I = A_c L_c^2 / 2 = 21280 \times 3050^2 / 2 = 9.9 \times 10^{10}$（$mm^4$）

单面剪切刚度　　　　　　$K_w = 5.3 kN/mm$　　　　　　本标准表 N.0.2

双面调整后　　　　　　　$K_w = 5.3 \times 2 \times 1.25 = 13.25$（$kN/mm$）

顶部水平位移　　　　　　$\Delta = \dfrac{V H_w^3}{3EI} + \dfrac{M H_w^2}{2EI} + \dfrac{V H_w}{L K_w}$

$$= \frac{50000 \times 2800^3}{3 \times 10000 \times 9.9 \times 10^{10}} + \frac{100 \times 10^6 \times 2800^2}{2 \times 10000 \times 9.9 \times 10^{10}} +$$

$$\frac{50000 \times 2800}{3200 \times 13250}$$

$$= 4 \text{（mm）} < H_w/250 = 11 \text{（mm）}$$

（2）采用钢拉杆

弹性模量　　　　　　　　$E_t = 206000 N/mm^2$

钢拉杆面积 $A_t = 314 \text{mm}^2$

转换面积 $A_{tr} = 206000/10000 \times 314 = 6468 \ (\text{mm}^2)$

计算长度 $L_c = 3.1 \text{m}$

偏心矩 $y_{tr} = \dfrac{A_c L_c}{A_{tr} + A_c} = \dfrac{21280 \times 3100}{6468 + 21280} = 2377 \ (\text{mm})$

转换惯性矩 $I = A_{tr} y_{tr}^2 + A_c \ (L_c - y_{tr})^2$

                                  $= 6468 \times 2377^2 + 21280 \ (3100 - 2377)^2$

                                  $= 4.8 \times 10^{10} \text{mm}^4$

顶部水平位移 $\Delta = \dfrac{V H_w^3}{3EI} + \dfrac{M H_w^2}{2EI} + \dfrac{V H_w}{L K_w}$

$$= \frac{50000 \times 2800^3}{3 \times 10000 \times 4.8 \times 10^{10}} + \frac{100 \times 10^6 \times 2800^2}{2 \times 10000 \times 4.8 \times 10^{10}} +$$

$$\frac{50000 \times 2800}{3200 \times 13250}$$

$$= 5 \ (\text{mm}) < H_w/250 = 11 \ (\text{mm})$$

10 防火设计

10.1 基本原则

木材是一种可燃的材料，其从受热到燃烧的一般过程是：在外部热源的持续作用下，先蒸发水分，随后发生热解、汽化反应析出可燃性气体，当热分解产生的可燃气体与空气混合并达到着火温度时，木材开始燃烧，并放出热量。燃烧产生的热量，一方面加速木材的分解，另一方面提供维持燃烧所需的能量。木材受热温度在100℃以下时，只蒸发水分，不发生分解；温度在100~200℃时，开始分解，但其速度很慢。分解出的主要是水蒸气和CO_2。当温度为260~300℃时，分解达最高峰，同时放出可燃气体，如CO、甲烷、甲醇以及高燃点的焦油成分等，木材开始炭化；当温度达到400~450℃时完全炭化，并在急剧分解的过程中放出大量的反应热。同时，温度的变化会引起木材力学性能的变化，图10.1给出了针叶木的力学性能与温度的关系。

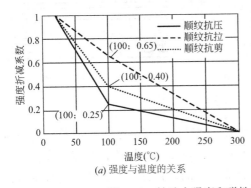

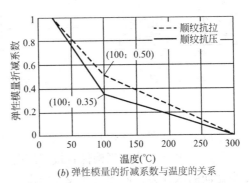

(a) 强度与温度的关系   (b) 弹性模量的折减系数与温度的关系

图 10.1　针叶木强度和弹性模量的折减系数与温度的关系

木结构建筑的防火设计一般采用被动式设计法和防火构造，来确保结构、构件、连接的承载能力（承重）和阻隔火势蔓延（分隔）的功能。表10.1给出了典型木结构构件在火灾工况下的性能描述。

木结构构件在火灾工况下的性能描述　　　　　　　　　　　　表 10.1

性能描述	梁、柱	墙	楼(屋)盖
承重(无分隔功能)			

性能描述	梁、柱	墙	楼(屋)盖
分隔功能(非承重)	/	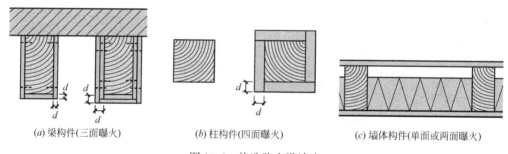	/
承重和分隔功能	/		

木结构建筑的被动式防火设计法可分为耐火极限法和承载力验算法。对于轻型木结构建筑，通常采用耐火极限法，即通过合理选择防火覆盖层、保温棉对构件进行包覆和填充（图10.2），来阻断火焰或高温直接作用于构件中小截面的木材，从而使构件的耐火时间达到《建规》中耐火极限的要求。需要注意的是：经过防火覆盖层包裹覆盖的构件，其燃烧性能为难燃，随着曝火时间的增加，其内部木材也可能会发生炭化，从而丧失一部分握钉力，极端情况下则可能发生防火覆盖层脱落。

(a) 梁构件(三面曝火)　　　　(b) 柱构件(四面曝火)　　　　(c) 墙体构件(单面或两面曝火)

图10.2　构造防火设计法

对于胶合木框架（支撑）、正交胶合木和方木原木结构，当采用防火覆盖层包覆构件时，可采用耐火极限法；当构件直接曝露时，则应采用承载力验算法，验算其在火灾工况下剩余截面的承载力。截面尺寸较大的木构件在火灾中的表现证明，大截面构件本身的炭化作用使其具有很好的耐火性能。当胶合木构件曝露在火中时，表面形成的炭化层起到了很好的隔热作用，保护了木构件内部，减缓或避免了木构件内部受到火的进一步作用。木材的炭化速率是指已炭化的炭层厚度与受火时间的比值。经过各国大量的试验证明，木材在标准火下的炭化速率是基本稳定的（图10.3），并主要由树种控制，含水率和密度对炭化速率影响较小。

木结构连接的防火设计常常被忽视，本标准第10.1.6条规定：构件连接的耐火极限不应低于所连接构件的耐火极限。由于钢板和螺栓良好的传热性能，外包钢板螺栓连接处的木材炭化程度明显大于钢插板螺栓连接（图10.4）。当考虑耐火极限设计木结构连接时，宜采用钢插板螺栓连接，同时采用隐孔螺栓，并用防火封堵材料将螺栓、槽孔封闭，避免将钢插板和螺栓直接曝露。

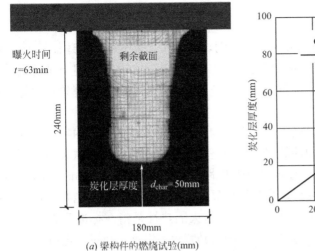

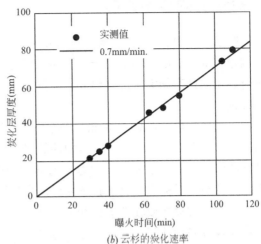

(a) 梁构件的燃烧试验(mm)　　(b) 云杉的炭化速率

图 10.3　耐火极限验算法

(a) 外包钢板螺栓连接　　　　(b) 钢插板螺栓连接

图 10.4　木结构连接节点的燃烧试验

木结构建筑的防火构造设计主要体现在以下几方面：

1. 建筑层数、高度的限制；
2. 防火分区的划分；
3. 防火间距的控制；
4. 疏散宽度、距离的控制；
5. 各类构件的防火节点的处理。

10.2　燃烧性能和耐火极限

💡 标准的规定

10.1.1　木结构建筑的防火设计和防火构造除应符合本章的规定外，尚应符合现行国家标准《建筑设计防火规范》GB 50016 的有关规定。

对标准规定的理解

《建规》将现代木结构建筑单独划分为一个类别，其耐火等级不属于上述任一个等级，木结构建筑的总体耐火性能介于三级和四级之间。因此，在对木结构建筑进行消防设计和审核时，不能硬套国家标准《建规》中第 3 章对工业建筑和第 5 章对民用建筑耐火等级划分的级别。

明确主要构件的燃烧性能和耐火极限，是木结构建筑防火设计的重要内容，也是保证木结构建筑安全的重要手段。建筑构件的耐火极限是建筑构件在标准耐火试验条件下，从受到火的作用时起，至失去承载力、完整性或隔热性时止所用时间，用小时（h）表示。耐火完整性是指在标准耐火试验条件下，当建筑分隔构件某一面受火时，能在一定时间内防止火焰和热气穿透或在背火面出现火焰的能力。耐火隔热性是指在标准耐火试验条件下，当建筑分隔构件某一面受火时，能在一定时间内其背火面温度不超过规定值的能力。

建筑物的主要构件包括建筑物的各种墙体、梁、柱、楼板、疏散楼梯和屋顶承重构件等。建筑物通过其主要构件的合理设置，可有效阻止或延缓火灾或烟气在建筑物内部的蔓延。木结构建筑构件的燃烧性能和耐火极限应符合表 10.2 的规定。其中，柱间支撑的设计耐火极限应与柱相同，楼盖支撑的设计耐火极限应与梁相同，屋盖支撑和系杆的设计耐火极限应与屋顶承重构件相同。

木结构建筑构件的燃烧性能和耐火极限 表 10.2

构件名称	燃烧性能和耐火极限 按《建规》(h)	燃烧性能和耐火极限 按《多木标》(h)
防火墙	不燃性 3.00	不燃性 3.00
承重墙，住宅建筑单元之间的墙和分户墙，楼梯间的墙	难燃性 1.00	难燃性 2.00
电梯井的墙	不燃性 1.00	不燃性 1.50
非承重外墙，疏散走道两侧的隔墙	难燃性 0.75	难燃性 1.00
房间隔墙	难燃性 0.50	难燃性 0.50
承重柱	可燃性 1.00	可燃性 2.00
梁	可燃性 1.00	可燃性 2.00
楼板	难燃性 0.75	难燃性 1.00
屋顶承重构件	可燃性 0.50	可燃性 0.50
疏散楼梯	难燃性 0.50	难燃性 1.00
吊顶	难燃性 0.15	难燃性 0.25

10.3 防火设计荷载组合

标准的规定

10.1.2 本章规定的防火设计方法适用于耐火极限不超过 2.00h 的构件防火设计。防火设计应采用下列设计表达式：

$$S_k \leqslant R_f \qquad (10.1.2)$$

式中：S_k——火灾发生后验算受损木构件的荷载偶然组合的效应设计值，永久荷载和可变荷载均应采用标准值；

R_f——按耐火极限燃烧后残余木构件的承载力设计值。

对标准规定的理解

此条款仅适用于构件的设计耐火极限不超过 2.00h。偶然荷载应包括爆炸、撞击、火灾及其他偶然出现的灾害引起的荷载，属于偶然设计状况。对于偶然设计状况可不进行正常使用极限状态和耐久性极限状态设计。当进行承载能力极限状态设计时，对于偶然设计状况，应采用作用的偶然组合，偶然组合的效应设计值 S_k 可根据《建筑结构荷载规范》GB 50009—2012（以下简称《荷载规范》），参考《建筑钢结构防火技术规范》GB 51249—2017，并结合本标准的规定，应按下列组合值中的最不利值确定：

$$S_k = S_{Gk} + \psi_f S_{QK} \qquad (10.1)$$
$$S_k = S_{Gk} + \psi_q S_{Qk} + \psi_w S_{Wk} \qquad (10.2)$$

式中：S_{Gk}——按永久荷载标准值计算的荷载效应值；

S_{Qk}——按楼面或屋面活荷载标准值计算的荷载效应值；

S_{wk}——按风荷载标准值计算的荷载效应值；

ψ_f——楼面或屋面活荷载的频遇值系数；

ψ_q——楼面或屋面活荷载的准永久值系数；

ψ_w——风荷载的频遇值系数，取 $\psi_w = 0.4$。

【例题 10-1】

一层板胶合木梁，其自重标准值为 0.3kN/m，活荷载（上人屋面）标准值为 4.0kN/m，风荷载标准值为 0.2kN/m，求其在火灾工况下，荷载偶然组合的效应设计值 S_m。

解： 自重 $\quad S_{Gk} = 0.3 kN/m$

活荷载 $\quad S_{Qk} = 4.0 kN/m$

$\qquad\quad \psi_f = 0.5 \qquad\qquad\qquad$《荷载规范》第 5.3.1 条

$\qquad\quad \psi_q = 0.4 \qquad\qquad\qquad$《荷载规范》第 5.3.1 条

$\qquad\quad \psi_w = 0.4 \qquad\qquad\qquad$《荷载规范》第 8.1.4 条

偶然组合 $\quad S_k = S_{Gk} + \psi_f S_{Qk} = 2.3 \ (kN/m) \qquad$ 最不利

$\qquad\qquad\quad S_k = S_{Gk} + \psi_q S_{Qk} + \psi_w S_{Wk} = 2.0 \ (kN/m)$

10.4 强度调整

标准的规定

10.1.3 残余木构件的承载力设计值计算时，构件材料的强度和弹性模量应采用平均值。材料强度平均值应为材料强度标准值乘以表 10.1.3 规定的调整系数。

防火设计强度调整系数 表 10.1.3

构件材料种类	抗弯强度	抗拉强度	抗压强度
目测分级木材	2.36	2.36	1.49
机械分级木材	1.49	1.49	1.20
胶合木	1.36	1.36	1.36

对标准规定的理解

当采用作用的偶然组合，验算火灾工况下的允许应力时，应采用材料强度和弹性模量的平均值。同时，需要注意以下几点：

1. 表 10.1.3 中的抗拉强度应为顺纹抗拉强度，抗压强度应为顺纹抗压强度；
2. 当承载力按强度和稳定验算时，均应采用材料强度标准值乘以表 10.1.3 的调整系数；
3. 本标准中木材的弹性模量设计值 E 为弹性模量的平均值；当计算稳定系数 φ、φ_l 时，仍采用弹性模量标准值 E_k；
4. 本标准并未明确其他强度（顺纹抗剪等）是否需要调整，可按不调整设计；
5. 本标准并未给出其他强度（顺纹抗剪等）的标准值，可暂按设计值取；
6. 由于胶合木构件强度相对稳定、离散性小，故其调整系数为较小；
7. 对于方木原木构件，其防火设计时采用的强度标准值和弹性模量应按本标准附录 E.6 的规定取值；
8. 表 10.1.3 中的胶合木是指普通胶合木和层板胶合木，不包括正交胶合木。

【例题 10-2】

一直线型层板胶合木梁，截面为 175mm×380mm，长度为 4.2m，树种为花旗松-落叶松（加拿大），树种级别为 SZ1，强度等级为 TC_T32（按本标准），体积、尺寸调整系数取 1.0，求其在火灾工况下，调整后的材料强度设计值 R_f 和弹性模量 E_f。

解： 抗弯 $f_{mk}=32N/mm^2$ 本标准附录表 E.2.1-3
     抗压 $f_{ck}=27N/mm^2$ 本标准附录表 E.2.1-3
     抗拉 $f_{tk}=23N/mm^2$ 本标准附录表 E.2.1-3
     弹模 $E=9500N/mm^2$ 本标准表 4.3.6-3
     调整后 $f_{mf}=1.36f_{mk}=1.36×32=43.5$（$N/mm^2$）本标准表 10.1.3
         $f_{cf}=1.36f_{ck}=1.36×27=36.7$（$N/mm^2$）本标准表 10.1.3
         $f_{tf}=1.36f_{tk}=1.36×23=31.3$（$N/mm^2$）本标准表 10.1.3
         $f_{vf}=f_v=2.2N/mm^2$ 本标准表 4.3.6-4，暂按设计值取
         $f_{c,90f}=f_{c,90}=6.0N/mm^2$ 本标准表 4.3.6-5，暂按设计值取
         $E_f=E=9500N/mm^2$ 本标准表 4.3.6-3

10.5 有效炭化层

标准的规定

10.1.4 木构件燃烧 t 小时后，有效炭化层厚度应按下式计算：

$$d_{ef} = 1.2\beta_n t^{0.813} \qquad\qquad (10.1.4)$$

式中：d_{ef}——有效炭化层厚度（mm）；

　　　β_n——木材燃烧 1.00h 的名义线性炭化速率（mm/h）；采用针叶材制作的木构件的名义线性炭化速率为 38mm/h；

　　　t——耐火极限（h）。

10.1.5　当验算燃烧后的构件承载能力时，应按本标准第 5 章的各项相关规定进行验算，并应符合下列规定：

1　验算构件燃烧后的承载能力时，应采用构件燃烧后的剩余截面尺寸；

2　当确定构件强度值需要考虑尺寸调整系数或体积调整系数时，应按构件燃烧前的截面尺寸计算相应调整系数。

对标准规定的理解

对于式（10.1.4）需要补充以下几点：

1. 式（10.1.4）仅适用于计算耐火极限不超过 2.00h 的有效炭化层厚度；

2. 名义线性炭化速率 β_n 未考虑木材密度、树种的影响；

3. 本标准未给出阔叶木的名义线性炭化速率 β_n；

4. 有效炭化层厚度 d_{ef} 的计算未区分构件截面类型（图 10.5）。

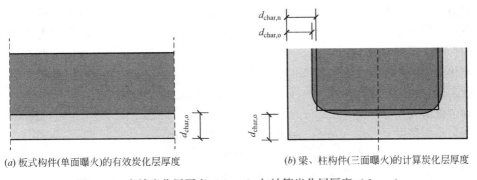

(a) 板式构件(单面曝火)的有效炭化层厚度　　　(b) 梁、柱构件(三面曝火)的计算炭化层厚度

图 10.5　有效炭化层厚度（$d_{char,0}$）与计算炭化层厚度（$d_{char,n}$）

火灾工况下，应采用构件燃烧后的剩余截面尺寸，并按表 10.3 中的要求，验算剩余截面的承载力。构件材料强度调整仅考虑尺寸（K_v，按本标准）和体积调整（K_v，按《胶规》），调整系数按构件燃烧前的截面尺寸取值。

剩余截面的承载力的验算项目　　　　　　　表 10.3

构件类型	验算要求	构件类型	验算要求
轴心受拉	按强度	受弯	按强度
轴心受压	按强度		按稳定
	按稳定		受剪
压弯、偏心受压	按强度		局部承压
	按稳定		双向受弯
	侧向稳定		拉弯

【例题 10-3】

一直线型层板胶合木梁，截面为 $175\text{mm} \times 380\text{mm}$，长度为 4.2m，树种为花旗松-落叶松（加拿大），树种级别为 SZ1，强度等级为 TC_T32（按本标准），当三面曝火时，求其有效炭化层厚度 d_{ef} 和剩余截面尺寸 b_{ef}、h_{ef}。

解： 构件耐火极限 $\quad t = 1.00\text{h}$ 本标准表 10.1.8

炭化速率 $\quad\quad\quad \beta_n = 38\text{mm/h}$ 本标准表 10.1.4

炭化深度 $\quad\quad\quad d_{ef} = 1.2\beta_n t^{0.813} = 1.2 \times 38 \times 1^{0.813} = 46 \ (\text{mm})$ 本标准式 10.1.4

剩余截面宽度 $\quad b_{ef} = b - 2d_{ef} = 175 - 2 \times 46 = 83 \ (\text{mm})$

剩余截面高度 $\quad h_{ef} = h - d_{ef} = 380 - 46 = 334 \ (\text{mm})$

【例题 10-4】

一直线型层板胶合木梁，截面为 $175\text{mm} \times 380\text{mm}$，计算跨度 l 为 4.2m，两端支座搁置长度 l_b、宽度 b 分别为 100mm、175mm，树种为花旗松－落叶松（加拿大），树种级别为 SZ1，强度等级为 TC_T32（按本标准），火灾工况下的荷载偶然组合的效应设计值 q_k 为 2.3kN/m（均布荷载，作用在顶部），设计耐火极限为 1h，三面曝火后的剩余截面尺寸 b_{ef}、h_{ef} 分别为 83mm 和 334mm，验算其剩余截面承载力。

解： 抗弯强度 $\quad f_{mf} = 1.36f_{mk} = 1.36 \times 32 = 43.5 \ (\text{N/mm}^2)$ 本标准表 10.1.3

体积调整系数 $\quad K_v = 0.99$ 《胶规》式（4.2.3-1）

调整后 $\quad\quad f_{mf} = 43.5 \times 0.99 = 43.1 \ (\text{N/mm}^2)$ 本标准表 10.1.5

抗剪强度 $\quad f_{vf} = f_v = 2.2\text{N/mm}^2$ 本标准表 4.3.6-4

横纹抗压强度 $\quad f_{c,90f} = f_{c,90} = 6.0\text{N/mm}^2$ 本标准表 4.3.6-5

构件耐火极限 $\quad t = 1.00\text{h}$ 本标准表 10.1.8

炭化深度 $\quad d_{ef} = 1.2\beta_n t^{0.813} = 1.2 \times 38 \times 1^{0.813} = 46 \ (\text{mm})$ 本标准式（10.1.4）

剩余搁置长度 $\quad l_{bf} = l_b - d_{ef} = 100 - 46 = 54 \ (\text{mm})$

剩余截面宽度 $\quad b_{ef} = b - 2d_{ef} = 175 - 2 \times 46 = 83 \ (\text{mm})$

剩余截面高度 $\quad h_{ef} = h - d_{ef} = 380 - 46 = 334 \ (\text{mm})$

剩余截面 $\quad W_n = b_{ef}h_{ef}^2/6 = 83 \times 334^2/6 = 1.5 \times 10^6 \ (\text{mm}^3)$

跨中弯矩 $\quad M = q_k l^2/8 = 2.3 \times 4.2^2/8 = 5.1 \ (\text{kN} \cdot \text{m})$

支座剪力 $\quad V = q_k l/2 = 2.3 \times 4.2/2 = 4.8 \ (\text{kN})$

局部压力 $\quad N_c = V = 4.8\text{kN}$

受弯，按强度验算 $\quad \dfrac{M}{W_n} = \dfrac{5.1 \times 10^6}{1.5 \times 10^6} = 3.4 \ (\text{N/mm}^2) < f_{mf} = 43.1\text{N/mm}^2$ 满足

受弯，按稳定验算：

计算长度 $\quad l_e = 0.95l = 0.95 \times 4200 = 3990 \ (\text{mm})$ 本标准表 5.2.2-2

长细比 $\quad \lambda_B = \sqrt{\dfrac{l_e h}{b^2}} = \sqrt{\dfrac{3990 \times 334}{83^2}} = 13.9 < 50$ 本标准式（5.2.2-2）

长细比 $\quad \lambda_m = c_m\sqrt{\dfrac{\beta E_k}{f_{mk}}} = 0.9\sqrt{\dfrac{1.05 \times 7900}{32}} = 14.5 > \lambda_B$ 本标准式（5.2.2-1）

稳定系数 $\quad \varphi_l = \dfrac{1}{1 + \dfrac{\lambda_B^2 f_{mk}}{b_m \beta E_k}} = \dfrac{1}{1 + \dfrac{13.9^2 \times 32}{4.9 \times 1.05 \times 7900}} = 0.87$ 本标准式（5.2.2-4）

验算：　　　$\dfrac{M}{\varphi_l W_n} = \dfrac{5.1 \times 10^6}{0.87 \times 1.5 \times 10^6} = 3.9$（N/mm²）$< f_{mf} = 43.5$N/mm²　　　满足

受剪验算　　$\dfrac{3V}{2b_{ef}h_{ef}} = \dfrac{3 \times 4800}{2 \times 83 \times 334} = 0.3$（N/mm²）$< f_{vf} = 2.2$N/mm²　　　满足

局部受压长度调整系数　$K_B = 1.19$　假定承压长度 l_{bf} 为54mm，按本标准表 5.2.8-1

局部受压尺寸调整系数　$K_{Zcp} = 1.00$

局部承压验算

$$\dfrac{N_c}{bl_{bf}K_B K_{Zcp}} = \dfrac{4800}{175 \times 54 \times 1.19 \times 1.00} = 0.4 \text{（N/mm}^2\text{）} < f_{c,90} = 6.0 \text{N/mm}^2 \qquad 满足$$

10.6　连接的耐火极限

✋ 标准的规定

10.1.6　构件连接的耐火极限不应低于所连接构件的耐火极限。

✋ 对标准规定的理解

根据有限元模拟可知，在相同的曝火时间下，连接件的形式对连接部分的木材炭化程度有显著影响（图 10.6）。由于螺栓和钢插板的高导热性，其连接部分的核心低温部分木材的面积明显小于无连接件时的，这就意味着：连接件（螺栓和钢插板）的存在，使得木材的炭化速率增大。本条文的实质为：通过连接件的防火构造措施，减缓或阻断由连接件传导至木材的热量，从而保证连接部分的木材炭化速率不大于本标准第 10.1.4 的规定。

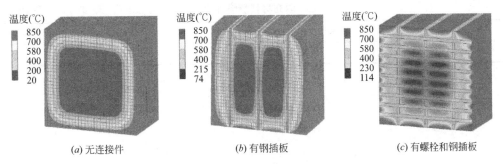

图 10.6　连接件对木材炭化的影响

✋ 设计建议

在实际工程中，可参考图 10.7 所示，采用以下防火构造措施：

1. 对隐孔或螺栓孔，采用防火材料进行封堵。

2. 对销连接部位，采用防火石膏板覆盖，并用钉固定。

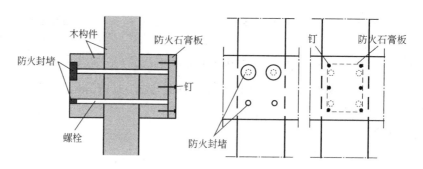

图 10.7 连接件的防火构造措施

10.7 填充材料

标准的规定

10.2.4 木结构建筑中的各个构件或空间内需填充吸声、隔热、保温材料时，其材料的燃烧性能不应低于 B_1 级。

对标准规定的理解

轻型木结构和木框架剪力墙结构建筑中，一般在墙骨柱或搁栅间与覆面板形成空腔中填充保温、隔声材料，以满足构件保温隔热和隔声要求。当混凝土结构、钢结构建筑中采用木骨架组合墙体作为外围护墙体或隔墙时，其填充材料的燃烧性能应满足表 10.4 的要求。

填充材料燃烧性能

表 10.4

构件类型	木结构建筑中墙体或楼板	木骨架组墙体用于混凝土结构、钢结构
填充材料燃烧性能	B_1 级	A 级

11 木结构防护

11.1 防水、防潮措施

🖋 标准的规定

11.2.9 木结构的防水防潮措施应按下列规定设置：

1 当桁架和大梁支承在砌体或混凝土上时，桁架和大梁的支座下应设置防潮层；

2 桁架、大梁的支座节点或其他承重木构件不应封闭在墙体或保温层内；

3 支承在砌体或混凝土上的木柱底部应设置垫板，严禁将木柱直接砌入砌体中，或浇筑在混凝土中；

4 在木结构隐蔽部位应设置通风孔洞；

5 无地下室的底层木楼盖应架空，并应采取通风防潮措施。

🖋 对标准规定的理解

此条款为强制性条文，必须严格执行，相应的条文理解如图 11.1 所示。

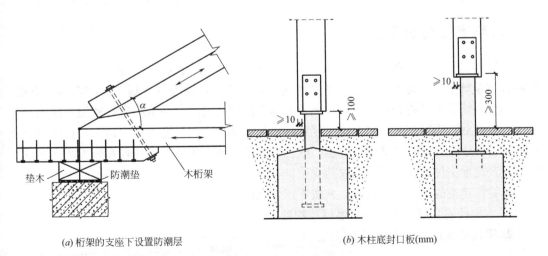

(a) 桁架的支座下设置防潮层　　　　　　(b) 木柱底封口板(mm)

图 11.1　木结构的防水防潮措施（一）

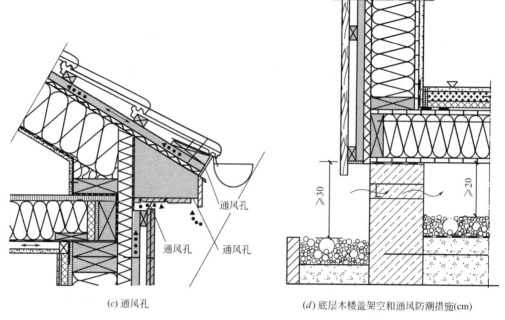

(c) 通风孔   (d) 底层木楼盖架空和通风防潮措施(cm)

图 11.1 木结构的防水防潮措施 （二）

11.2 白蚁预防设计

标准的规定

11.3.4 在白蚁危害区域等级为 Z3 和 Z4 的地区，应采用防白蚁土壤化学处理和白蚁诱饵系统等防虫措施。土壤化学处理和白蚁诱饵系统应使用对人体和环境无害的药剂。

对标准规定的理解

木结构建筑的白蚁防治，应遵循"预防为主、防治综合、综合治理"的原则；宜采用监测控制系统中的"地下型饵剂系统技术为主，木构件药物处理为辅"的综合治理方法。采用饵剂系统技术预防处理后，应按要求对施工区域的白蚁活动情况进行监测、控制。采用药物处理后，应对相关规定对施工区域的白蚁活动情况进行复查或回访。白蚁防治所使用的药物必须是国家有关部门批准生产或已登记的药物。药物必须具有农药生产许可证或农药生产批准文件、农药标准和农药登记证。

木结构建筑的白蚁预防设计，宜按下列要求进行：

1. 木构件安装或使用前，宜经过药物处理；

2. 室内外地坪以下不宜使用木构件；

3. 卫生间、厨房和有上、下水管的部位，宜减少使用木构件，或应做好药物处理；

4. 药物处理应以"最后的选择，尽可能小的使用量"为使用原则，处理的重点为建筑中无法保持通风、干燥状态的木构件。

12 隔声设计

标准的规定

《木骨架组合墙体技术标准》GB/T 50361—2018 第 5.4.1 条规定：

5.4.1 木骨架组合墙体隔声设计应按本节规定执行，并应符合现行国家标准《民用建筑隔声设计规范》GB 50118 的有关规定。

对标准规定的理解

现行国家标准《民用建筑隔声设计规范》GB 50118—2010 根据建筑类型、房间功能等提出了基本隔声要求。表 12.1 给出了居住、办公建筑中对墙体隔声性能的要求，其中对居住建筑中分户墙、分户楼板空气声隔声的一般标准为强制性条文，必须严格执行。

墙体、楼板的空气声隔声和撞击声压级标准（dB）   表 12.1

分类	构件名称	空气声隔声单值评价量＋频谱修正量	高要求标准	一般标准
居住建筑	分户墙、分户楼板	R_w+C	＞50	＞45
	居住建筑中的外墙	R_w+C_{tr}	/	≥45
	户内卧室墙	R_w+C	/	≥35
	卧室、起居室(厅)的分户楼板	$L_{n,w}$	＜65	＜75
办公建筑	办公建筑中办公室、会议室与产生噪声的房间之间的隔墙、楼板	R_w+C_{tr}	＞50	＞45
	办公建筑中办公室、会议室与普通房间之间的隔墙、楼板	R_w+C	＞50	＞45

注：R_w 为计权隔声量，C 为粉红噪声频谱修正量，C_{tr} 为交通噪声频谱修正量，$L_{n,w}$ 为计权规范化撞击声压级(实验室测量)。

隔声材料包括：木材（规格材）、工程木产品、石膏板、木基结构板材、绝热材料、减振龙骨和敛缝材料等，其中绝热材料、减振龙骨和敛缝材料应满足以下要求：

1. 用于墙体内或楼盖空腔内的绝热材料（吸声材料），应按现行国家标准《声学 混响室吸声测量》GB/T 20247—2006 的要求进行测试。测试时，测试频率至少应达到 250～2000Hz，降噪系数不应小于 0.80；

2. 用于隔声的敛缝材料应为非硬化敛缝材料。

轻型木结构构件的隔声性能主要受覆面板密度、墙骨的规格和间距、填充绝热材料的密度和厚度等影响，符合"质量定律"，同时又一定程度上符合"吻合效应"。相关试验证明，轻型木结构构件的隔声性能存在以下规律：

1. 构件面密度越大，隔声性能越好，尤其对于低频；

2. 构件中的空腔或空腔中填充的保温材料（吸声材料）有利于提高隔声性能。空腔中填充材料的流阻率越高，构件的隔声性能越好；

3. 填充保温材料（吸声材料）的孔隙率越低，构件的隔声性能越好；

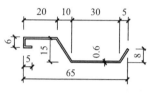

图 12.1　减振龙骨（mm）

4. 轻型木结构搁栅楼板上现浇混凝土面层能显著提高空气声隔声性能，但撞击声隔声性能有所下降；

5. 构件间的接缝处理，对侧向传声、隔声性能有一定影响；

6. 减振龙骨（图 12.1）可显著提高轻型木结构构件的隔声性能。

常用轻型木结构构件的隔声性能见附录 C。轻型木结构和混合结构建筑可采取下列控制噪声的构造措施（图 12.2）：

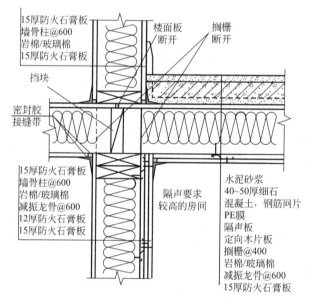

图 12.2　轻型木结构隔声构造措施

1. 墙体构件中的墙骨间距宜取 600mm；

2. 石膏板与石膏板、墙体与墙体的交接处、墙体与楼板的交接处以及墙体和楼板下侧石膏板的交接处应采取密封隔声措施；

3. 相邻房间的搁栅、楼面板宜断开；

4. 减振龙骨宜安装在对隔声要求较高的房间一侧；

5. 对隔声要求较高房间一侧的墙面板，宜采用不同厚度的双层防火石膏板，并应错缝铺设；

6. 轻型木结构搁栅楼板宜采用 40～50mm 钢筋混凝土现浇层，并宜采用浮筑楼面。

13 碳排放计算

⋯⋯⋯⋯

标准的规定

《绿色建筑评价标准》GB/T 50378—2019 第 9.2.7 条规定:

9.2.7 进行建筑碳排放计算分析,采取措施降低单位建筑面积碳排放强度,评价分值为 12 分。

《建筑碳排放计算标准》GB/T 51366—2019 第 3.0.2 条、第 3.0.3 条规定:

3.0.2 建筑碳排放计算方法可用于建筑设计阶段对碳排放量进行计算,或在建筑物建造后对碳排放量进行核算。

3.0.3 建筑碳排放计算应根据不同需求按阶段进行计算,并可将分段计算结果累计为建筑全生命期碳排放。

对标准规定的理解

建筑全生命期是指建筑从"摇篮(Cradle)"到"坟墓(Grave)"的整个过程,包括物化阶段(原料开采、建材生产加工制造、建筑工程施工安装)、运营维护阶段及拆除处置阶段,如图 13.1 所示。

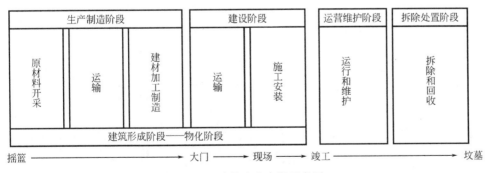

图 13.1 建筑全生命期示意图

建筑生命期不同阶段的碳排放量从大到小依次是运营维护阶段、物化阶段和拆除处置阶段。附录 D 给出了一典型木结构建筑全生命周期碳排放算例,相较于其他传统结构建筑,木结构建筑在计算全生命期碳排放时,应遵循以下原则:

1. 计算方法和边界与混凝土、钢结构等一致,参考《建筑碳排放计算标准》GB/T 51366—2019 中的相关规定;

2. 木材固碳量(通过光合作用封存在体内的碳),一般不计入全生命期碳排放的

计算;

3. 木材应取自于经可持续管理认证的森林;

4. 云杉-松-冷杉规格材的碳排放因子可取 $74kgCO_2e/m^3$;花旗松-落叶松(加拿大)胶合木的碳排放因子可取 $184kgCO_2e/m^3$;加拿大铁杉挂板的碳排放因子可取 $67kgCO_2e/m^3$;

5. 加拿大进口的木材在计算"运输碳排放"时,应计入海运碳排放;

6. 木结构建筑在建造和拆除阶段的碳排放可取 $10kgCO_2e/m^2$。

附录 A 胶合木结构算例

A.1 工程概况

某宿舍建筑共 5 层，首层层高 3.35m，2～4 层的层高均为 3.6m，总建筑高度为 21.5m，两端布置两个楼梯间（图 A.1a）。采用胶合木框架-支撑结构体系，胶合木梁柱节点采用常用的钢填板螺栓连接。为了保证结构体系的侧向稳定，在胶合木梁底、柱侧设置隅撑（表 A.1～表 A.3）。

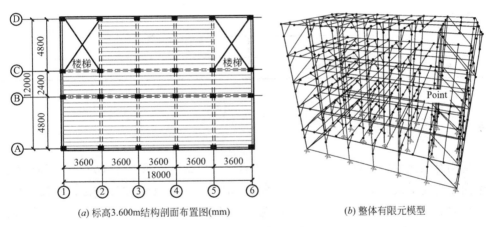

(a) 标高3.600m结构剖面布置图(mm) (b) 整体有限元模型

图 A.1 某宿舍建筑示意图

建筑基本信息 表 A.1

建筑面积	800m²	结构选型	胶合木框架-支撑
总长度	50m	梁、屋架与柱连接形式	铰接
总宽度	14m	柱脚形式	铰接
总高度	21.5m	楼(屋)盖形式	轻木搁栅、椽条
柱距	3.6m、4.8m	围护结构形式	木骨架组合墙体
主要跨度	6m	±0.000 相当于绝对标高	/
主要层高	3.6m	设计使用含水率	15%

自然条件与一般、抗震设计参数 表 A. 2

自然条件			
基本风压(kN/m²)	0.55(50 年)	地面粗糙度类别	B 类
基本雪压(kN/m²)	0.20	基本气温(最低)	/
基本气温(最低)	/	基本气温(最高)	/
一般设计参数			
设计使用年限	50 年(需定期维护)	建筑的耐火等级	木结构建筑
抗震设计参数			
建筑抗震设防类别	丙类	特征周期 T_g	0.35s
抗震设防烈度	7 度	设计基本地震加速度值	0.10g
设计地震分组	第一组	场地类别	Ⅱ类
抗震设防标准	地震作用按 7 度设防计算	地基的液化判别	否

均布恒荷载、活荷载标准值 表 A. 3

恒荷载标准值(kN/m²)		活荷载标准值(kN/m²)	
楼面	1.88	楼面	2.00
屋面	1.55	屋面	0.50
墙体	0.50	楼梯	3.50
木结构自重	程序自动生成		

A.2 有限元模型

在通用有限元软件 SAP2000 中建立整体有限元模型,见图 A.1 (b)。为了简化计算,将屋架简化为简支梁。木柱除 4、5 两层连续,其他层为铰接,柱脚铰接,柱顶铰接;各层木梁均为简支梁,构件梁端铰接;隅撑为二力杆件,梁端为铰接。采用振型分解反应谱法计算地震作用,阻尼比取 0.05,在计算单向水平地震作用时,考虑 5%的偶然偏心。

木柱共两种截面,底部 3 层采用 400mm×450mm(沿结构横向为 450mm);4、5 层木柱变为 350mm×400mm 截面。短隅撑杆件截面均为 150mm×150mm;四角处的长支撑杆件截面均为 200mm×200mm。屋架简化成的简支梁截面为 200mm×400mm;其他梁截面共三类,走廊处的短跨(2.4m)梁截面为 200mm×300mm,横向长跨(4.8m)主梁以及纵向(3.6m)主梁截面为 200mm×400mm,横向长跨(4.8m)次梁截面为 200mm×350mm。见表 A.4。

构件截面尺寸 表 A. 4

构件名称	截面 (mm×mm)	惯性矩(cm⁴)		截面模量(cm³)	
		I_x	I_y	W_x	W_y
柱	400×450	303750	240000	13500	12000
	350×400	186666.67	142916.67	9333.33	8166.67

续表

构件名称	截面 (mm×mm)	惯性矩(cm⁴)		截面模量(cm³)	
		I_x	I_y	W_x	W_y
梁	200×300	45000	20000	3000	2000
	200×350	71458.33	23333.33	4083.33	2333.33
	200×400	106666.67	26666.67	5333.33	2666.67
隅撑	150×150	4218.75	4218.75	562.50	562.50
支撑	200×200	13333.33	13333.33	1333.33	1333.33
屋架简化梁	200×350	71458.33	23333.33	4083.33	2333.33

A.3 结构分析

1. 各振型振动周期

本算例有限元模型取 12 阶振型，其中前 3 阶周期如表 A.5 所示，其周期比 T_3/T_1 为 0.68。

各振型周期　　　　　　　　　　　　　　　　　表 A.5

振型号	周期(s)	平动系数			扭转系数 Z
		X 向	Y 向	X+Y	
1	1.169	1.00	0.00	1.00	0.00
2	0.840	0.00	1.00	1.00	0.00
3	0.798	0.00	0.00	0.00	1.00

2. 剪重比

从 SAP2000 中导出各层重力荷载代表值以及各层对应于单向水平地震作用的层间剪力（由于节点铰接，故导出剪力为柱剪力与投影至水平方向的支撑轴力的合力）（表 A.6）。其中，楼层最小地震剪力系数依据《建筑抗震设计规范（2016 年版）》GB 50011—2010 表 5.2.5 进行确定。结构设防烈度 7 度，且基本自振周期小于 3.5s，故系数 λ 取为 0.016。

楼层剪力、剪重比及振型参与质量系数　　　　表 A.6

层号	X 方向				Y 方向			
	楼层剪力 (kN)	重力荷载代表 值(kN)	剪重比	振型参与 质量系数 (%)	楼层剪力 (kN)	重力荷载代表 值(kN)	剪重比	振型参与 质量系数 (%)
一	223	5687.2	0.039		285	5687.2	0.050	
二	196	4523.1	0.043		266	4523.1	0.059	
三	173	3366.3	0.051	100.00	228	3366.3	0.068	100.00
四	135	2227.2	0.061		176	2227.2	0.079	
五	88	1144.4	0.076		107	1144.4	0.093	

因此，由表 A.6 可知，剪重比均大于 0.016，故地震作用无须调整。

3. 刚度比

从概念上分析，楼层侧向刚度即为发生单位整体侧向位移时，抗侧构件提供的水平承载力之和。分别导出 X 向和 Y 向地震工况下各层的水平相对侧移量及楼层剪力，从而计算获得侧向刚度（表 A.7）。依据《建筑抗震设计规范（2016 年版）》GB 50011—2010 表 3.4.3-2，进行结构竖向不规则的检验，主要在于侧向刚度比的检验（表 A.8）。

楼层侧向刚度计算   表 A.7

层号	X 向			Y 向		
	相对层间位移(mm)	层间剪力(kN)	侧移刚度(kN/mm)	相对层间位移(mm)	层间剪力(kN)	侧移刚度(kN/mm)
1	0.398	20.699	52.008	0.332	38.753	116.726
2	0.460	18.664	40.574	0.425	36.877	86.769
3	0.395	16.389	41.491	0.439	32.087	73.091
4	0.359	11.952	33.292	0.381	23.945	62.848
5	0.137	6.523	47.613	0.324	13.707	42.306

刚度比汇总   表 A.8

层号	X 向			Y 向			薄弱层
	Ratx	Ratx1	地震剪力放大系数	Raty	Raty1	地震剪力放大系数	
1	1.000	1.683	1.00	1.000	1.922	1.00	否
2	0.780	1.164	1.00	0.743	1.696	1.00	否
3	1.023	1.753	1.00	0.842	1.661	1.00	否
4	0.802	0.871	1.00	0.860	2.122	1.00	否
5	1.430	1.000	1.00	0.673	1.000	1.00	否

注：Ratx、Raty：X、Y 方向本层侧移刚度与下 1 层相应侧移刚度的比值（剪切刚度）。

    Ratx1、Raty1：X、Y 方向本层侧移刚度与上 1 层相应侧移刚度 70% 的比值，或上 3 层平均侧移刚度 80% 的比值中之较小者。

因此，结构没有侧向刚度不规则的现象，不需要调整地震剪力。

4. 位移比

位移比是控制结构扭转效应的重要指标。通过软件导出各需求工况下的各层柱顶层间位移，计算最大位移与平均位移的比值，即位移比。计算出工况为水平地震作用（考虑偶然偏心）及水平风荷载作用（表 A.9、表 A.10）。依据《建筑抗震设计规范（2016 年版）》GB 50011—2010 表 3.3.3-1 对扭转不规则的要求，规则结构位移比限值为 1.20。

地震力（偶然偏心）各楼层位移比   表 A.9

层号	X 方向	Y 方向
1	1.03	1.14
2	1.07	1.04

层号	X 方向	Y 方向
3	1.08	1.03
4	1.09	1.02
5	1.20	1.02

风荷载各楼层位移比　　　　　　　　表 A.10

层号	X 方向	Y 方向
1	1.00	1.12
2	1.01	1.03
3	1.01	1.03
4	1.01	1.04
5	1.04	1.02

因此，结构位移比均小于 1.20，满足规范要求。

5. 层间位移角

通过控制层间位移角，从宏观上控制结构的侧移刚度，也是一个对结构整体指标控制的重要指标。因此，依据表 A.11、表 A.12 计算层间位移角。

地震力（偶然偏心）各楼层层间位移角　　　　表 A.11

层号	X 方向	Y 方向	规范比较
1	1/732	1/1322	满足
2	1/674	1/1107	满足
3	1/789	1/1076	满足
4	1/856	1/1252	满足
5	1/1814	1/1456	满足

风荷载各楼层层间位移角　　　　　　表 A.12

层号	X 方向	Y 方向	规范比较
1	1/606	1/2573	满足
2	1/728	1/2722	满足
3	1/978	1/2943	满足
4	1/1293	1/3789	满足
5	1/4056	1/5043	满足

因此，位移角满足本标准要求。

A.4 木结构（胶合木）设计总说明模板

1. 工程概况

本工程位于_____，主要功能用于_____。

1.1 主要建筑指标

建筑面积	＊＊	结构选型	胶合木框架-支撑
总长度	＊＊	梁、屋架与柱连接形式	铰接
总宽度	＊＊	柱脚形式	铰接
总高度	＊＊	楼（屋）盖形式	轻木搁栅、椽条
柱距	＊＊	围护结构形式	木骨架组合墙体
主要跨度	＊＊	±0.000 相当于绝对标高	
主要层高	＊＊	设计使用材料含水率 使用环境 外观等级	15% 使用环境1 A级

2. 设计依据

2.1 现行主要国家规范、标准、规程及图集

名称	名称
《建筑结构可靠性设计统一标准》GB 50068	《建筑工程抗震设防分类标准》GB 50223
《建筑结构荷载规范》GB 50009	《建筑抗震设计规范(2016年版)》GB 50011
《木结构设计标准》GB 50005	《建筑设计防火规范(2018年版)》GB 50016
《装配式木结构建筑技术标准》GB/T 51233	《钢结构设计标准》GB 50017
《胶合木结构技术规范》GB/T 50708	《混凝土结构设计规范(2015年版)》GB 50010
《木骨架组合墙体技术标准》GB/T 50361	《建筑钢结构防火技术规范》CECS 200
《多高层木结构建筑技术标准》GB/T 51226	《岩土工程勘察规范》DGJ 32/TJ 208
《木结构工程施工规范》GB/T 50772	《建筑地基基础设计规范》GB 50007
《木结构工程施工质量验收规范》GB 50206	《建筑地基处理技术规范》JGJ 79
《结构用集成材》GB/T 26899	《建筑地基基础工程施工质量验收标准》GB 50202
《轻型木桁架技术规范》JGJ/T 265	《混凝土结构耐久性设计标准》GB/T 50476
《非结构构件抗震设计规范》JGJ 339	《建筑变形测量规范》JGJ 8
《木结构建筑》14J924	《建筑结构制图标准》GB/T 50105
《建设工程设计文件编制深度规定(2016年版)》建质函〔2016〕247号	

2.2 本工程除按现行国家标准外，尚应执行工程所在地区的有关规范或规程。

2.3 除本说明所规定的各项外，应符合各设计图纸的说明。

2.4 岩土工程勘察报告：_____。

3. 主要技术指标和一般说明

3.1　主要技术指标

自然条件			
基本风压（kN/m²）	＊＊(50 年)	地面粗糙度类别	＊＊类
	＊＊(100 年)	岩土标准冻深（m）	＊＊
基本雪压（kN/m²）	＊＊	基本气温(最低)	＊＊
基本气温(最低)	＊＊	基本气温(最高)	＊＊
一般设计参数			
设计使用年限	50 年(需定期维护)	基础设计等级	＊＊级
建筑结构安全等级	＊＊级	屋面防水等级	＊＊级
混凝土结构环境类别	＊＊类	建筑的耐火等级	木结构建筑
抗震设计参数			
建筑抗震设防类别	＊＊类	特征周期 T_g	＊＊s
抗震设防烈度	＊＊度	设计基本地震加速度值	＊＊g
设计地震分组	第＊＊组	场地类别	＊＊类
抗震设防标准	地震作用按＊＊度设防计算	地基的液化判别	

3.2　一般说明

3.2.1　采用的计算程序＿＿＿＿＿＿＿＿，版本＿＿＿＿＿＿＿＿，编制单位＿＿＿＿＿
＿＿＿。

3.2.2　除注明者外，全部尺寸均以 mm 为单位，标高均以 m 为单位。

3.2.3　未经技术鉴定或设计许可，不得改变结构的用途和使用环境，使用荷载不得超过设计规定。

3.2.4　本说明仅为本工程木结构设计部分的有关要求，其余钢筋混凝土、钢结构部分的设计要求详见本工程混凝土、钢结构相关部分的内容。

3.2.5　本设计未考虑冬期施工因素影响，冬期施工时应符合现行国家标准《建筑工程冬期施工规程》JGJ/T 104 和施工技术方案的规定。

3.2.6　本设计未考虑雨期施工，雨期施工时应采取相应的施工技术措施。

3.2.7　施工图需经有资质的审图单位审查合格后方可下料施工。

3.2.8　除本说明所规定的各项外，应符合各设计图纸的说明。

4. 设计荷载

4.1　均布恒荷载标准值和活荷载标准值

恒荷载标准值（kN/m²）		活荷载标准值（kN/m²）	
楼面		楼面	
屋面		屋面	
木结构自重	程序自动生成	其他	

注：1. 施工期间应控制施工荷载，其值不得大于上述荷载取值。

2. 设备按实际荷载计算。

3. 图中已特殊注明者除外。

5　地基与基础（略）

6　混凝土结构部分材料（略）

7　钢结构部分材料（略）

8　木结构部分材料及标准

8.1　采用的方木及其标准

本工程中方木构件采用<u>工厂目测分级并加工的方木</u>，树种为<u>花旗松-落叶松（加拿大）</u>。

构件类别	材质等级	强度等级组别
方木柱	III$_f$	TC15A
方木梁	III$_e$	TC15A

8.2　采用的胶合木及其标准

8.2.1　胶合木要求：

本工程中胶合木构件采用 <u>普通胶合木层板</u> 胶合木，树种为 <u>花旗松-落叶松（加拿大）</u>。

本工程中胶合木构件采用 <u>目测分级层板</u> 胶合木，树种级别为 <u>SZ1</u>，树种为 <u>花旗松-落叶松（加拿大）</u>，组合方式为 <u>同等组合</u>。

本工程中胶合木构件采用<u>机械弹性模量分级层板胶合木</u>，树种级别为 <u>SZ1</u>，树种为<u>花旗松-落叶松（加拿大）</u>，组合方式为<u>同等组合</u>。

本工程中胶合木构件采用<u>机械应力分级层板胶合木</u>，树种级别为 <u>SZ1</u>，树种为<u>花旗松-落叶松（加拿大）</u>，组合方式为<u>同等组合</u>。

构件类别	普通胶合木强度等级和弹性模量	层板胶合木强度等级和弹性模量按《木结构设计标准》GB 50005—2017	层板胶合木强度等级和弹性模量按《胶合木结构技术规范》GB/T 50708—2012
胶合木柱	TC15A 10000N/mm^2	TC$_T$32 9500N/mm^2	TC$_T$24 9500N/mm^2
胶合木梁	TC15A 10000N/mm^2	TC$_T$32 9500N/mm^2	TC$_T$24 9500N/mm^2
胶合木支撑	TC15A 10000N/mm^2	TC$_T$32 9500N/mm^2	TC$_T$24 9500N/mm^2

8.2.2　胶合木层板要求：

普通胶合木层板：

构件类别	材质等级	材质标准	
胶合木柱	II$_b$	《木结构设计标准》GB 50005—2017 附录 A.2	《胶合木结构技术规范》GB/T 50708—2012 表 3.1.2
胶合木梁	I$_b$		
胶合木支撑	II$_b$		

目测分级层板：

构件类别	材质等级	材质标准	强度和弹性模量的性能指标
胶合木柱	I$_d$	《胶合木结构技术规范》GB/T 50708—2012 表 3.1.3-1	《胶合木结构技术规范》GB/T 50708—2012 表 3.1.3-2
胶合木梁	I$_d$		
胶合木支撑	I$_d$		弹性模量平均值：14000N/mm^2

机械弹性模量分级层板：

构件类别	分等等级	性能标准	弹性模量平均值
胶合木柱	M_E14	《胶合木结构技术规范》GB/T 50708—2012 表 3.1.5-1	14000 N/mm²
胶合木梁	M_E14		
胶合木支撑	M_E14		

机械应力分级层板：

构件类别	分等等级	对应机械弹性模量分级	性能标准
胶合木柱	M40	M_E14	《胶合木结构技术规范》GB/T 50708—2012 表 3.1.4-1、表 3.1.4-2、表 3.1.5-1
胶合木梁	M40	M_E14	
胶合木支撑	M40	M_F14	

8.2.3　各等级的机械分级层板尚应满足《胶合木结构技术规范》GB/T 50708—2012表 3.1-7 的目测材质标准。

8.2.4　本工程胶合木构件采用的结构用胶（胶粘剂）为 I 级胶，其必须满足结合部位的强度和耐久性的要求，应保证其胶合强度不低于层板顺纹抗剪和横纹抗拉的强度，并应符合环境保护的要求。胶粘剂的类型和性能应符合现行国家标准《胶合木结构技术规范》GB/T 50708 和《结构用集成材》GB/T 26899 的规定。

8.2.5　本工程胶合木构件均应有产品标识，产品标识应包含以下信息：

1. 执行标准标号；
2. 生产商的身份、标识或名称；
3. 强度等级；
4. 外观等级；
5. 使用环境；
6. 使用方向（非对称异等组合）；
7. 树种；
8. 胶粘剂类型；
9. 甲醛释放量等级；
10. 生产日期。

8.3　采用的木骨架组合墙体、搁栅、椽条及其标准

8.3.1　本工程中木骨架组合墙体采用 进口目测分级 规格材，树种为 云杉-松-冷杉，材质等级为 IV_c。

本工程中搁栅、椽条采用 进口目测分级 规格材，树种为 云杉-松-冷杉，材质等级为 II_c。

8.3.2　覆面板应符合下表要求：

覆面板	厚度（mm）	性能标准
定向木片板（墙体）	12	《定向刨花板》LY/T 1580—2010
定向木片板（楼面）	15	
定向木片板（屋面）	15	
石膏板（普通型、耐水型和耐火型）	12	《纸面石膏板》GB/T 9775—2008

9　木结构连接材料及标准

9.1 连接用钢材要求：采用标准图的构件应按标准图中要求，本工程中其余构件要求以图纸具体内容为准。

构件类别	钢材牌号、质量等级	镀锌层重量	性能要求
连接钢板	Q235B	/	《木结构设计标准》GB 50005—2017
预埋件	Q235B	/	《钢结构设计标准》GB 50017—2017
齿板	Q235B	275 g/m²	《木结构设计标准》GB 50005—2017 《轻型木桁架技术规范》JGJ/T 265—2012

9.2 钢钉、木螺钉和自攻螺钉

9.2.1 钢钉应符合现行行业标准《木结构用钢钉》LY/T 2059 的规定。

9.2.2 木螺钉应符合现行国家标准《十字槽沉头木螺钉》GB 951 和《开槽沉头木螺钉》GB/T 100 的规定。

9.2.3 自攻螺钉应符合现行国家标准《十字槽盘头自钻自攻螺钉》GB/T 15856.1 和《十字槽沉头自钻自攻螺钉》GB/T 15856.2 以及行业标准《木结构用自攻螺钉》LY/T 3219 的规定。

9.3 普通螺栓、保险螺栓

9.3.1 采用C级螺栓，其性能等级为4.8级，其质量等级应符合现行国家标准《紧固件机械性能 螺栓、螺钉和螺柱》GB/T 3098.1 和《紧固件公差 螺栓、螺钉、螺柱和螺母》GB/T 3103.1 的规定。

9.3.2 普通螺栓应采用现行国家标准《碳素结构钢》GB/T 700 中规定的 Q235 钢制成。

9.3.3 普通螺栓规格和尺寸及其螺母、垫圈的制作应分别符合现行国家标准《六角头螺栓 C级》GB/T 5780、《六角头螺栓》GB/T 5782、《平垫圈 C级》GB/T 95 的有关规定。

9.4 锚栓

9.4.1 锚栓采用 Q235、Q355、Q390 或强度更高的钢材，其质量等级不宜低于 B 级，其技术条件要求参照现行国家标准《地脚螺栓》GB/T 799 的有关规定。

10 木结构加工制作

10.1 总则

10.1.1 木结构制作、施工单位应具有相应的资质，应根据已批准的技术设计文件编制施工详图。施工详图应由原设计工程师确认。

10.1.2 深化设计的施工详图必须满足设计图纸中对结构构件材料、截面尺寸、连接强度和构造等方面的要求。如果需要对设计图中的构件尺寸、连接方法等进行修改时，必须得到设计单位的认可。

10.1.3 制作构件时，木材含水率应符合下列规定：

1. 板材、规格材和工厂加工的方木不应大于 19%。

2. 方木、原木受拉构件的连接板不应大于 18%。

3. 作为连接件，不应大于 15%。

4. 胶合木层板和正交胶合木层板应为 8%～15%，且同一构件各层木板间的差别不应大于 5%。

5. 井干式木结构构件采用原木制作时不应大于 25%；采用方木制作时不应大于 20%；采用胶合原木木材制作时不应大于 18%。

10.1.4 胶合木构件制作应符合现行国家标准《胶合木结构技术规范》GB/T 50708、《结构用集成材》GB/T 26899 和《结构用集成材生产技术规程》GB/T 36872 的规定。当制作弯曲胶合木构件时，其弯曲部位的最小曲率半径（弯曲部位最内侧的曲率半径）不得小于下表值：

最大层板厚度 (mm)	弯曲部位的最小曲率半径(mm)	
	树种级别 SZ1	
	局部弯曲(mm)	全弯曲(mm)
20	3000	4000
30	5490	7140
40	9000	11600

10.1.5 木构件制作允许偏差和验收应符合现行国家标准《木结构工程施工质量验收规范》GB 50206 的规定。

10.1.6 所有构件加工制作前必须按 1:1 的比例放样，核对无误后方可下料制造. 如发现尺寸有误等问题及时通知相关人员研究修改。

10.2 制造

10.2.1 木结构放样人员应阅读全部图纸，核对安装尺寸。

10.2.2 木结构预留孔洞应按照设计图纸所示尺寸、位置在工厂制孔，并根据设计有关要求进行补强。在工地安装时，未经设计允许，不得任意制孔。

10.2.3 木构件的螺栓孔径与螺杆直径的偏差不应大于 2mm；木构件的销轴孔径与销轴直径的偏差不应大于 0.5mm。

10.2.4 除特殊注明者外，凡采用标准图的构件按所选用标准图集要求进行施工。

11 构件的运输与安装

11.1 构件堆放场地应事先平整夯实，做好四周排水，并放置枕木垫平，不得直接将构件放置于地面上。

11.2 木构件在运输和堆放过程中，应采取有效的保护措施，防止产生过量变形、失稳、损伤。对运输和堆放过程中造成变形和磕碰，应进行矫正和修补。

11.3 结构安装前应对构件进行全面检查：如构件的数量、长度、垂直度，安装接头处螺栓孔之间的尺寸是否符合设计要求，构件变形或缺陷超出规定要求时应在安装前处理完毕。

11.4 木结构安装时应随时检测调整，防止误差和误差积累，复杂部位应进行预拼接。

11.5 结构施工期间，木构件应采取可靠的防腐、防虫和防曝晒措施。

11.6 木结构施工期间，应设置可靠的支护体系，保证结构在施工荷载作用之下结构的稳定性和安全性。悬挑结构必须待接头施工完毕方可拆除临时支撑。

12 防火设计

12.1 本工程主要构件的燃烧性能和耐火等级应符合下表的规定，其他构件的燃烧性能和耐火等级应符合现行国家标准《建筑设计防火规范（2018 年版）》GB 50016 的相关规定。

构件	燃烧性能	耐火极限(h)	备注
胶合木柱	可燃性	1.00	曝露
胶合木梁	可燃性	1.00	
胶合木支撑	可燃性	1.00	
楼盖(轻木搁栅)	难燃性	0.75	防火石膏板包覆
屋盖(轻木椽条)	难燃性	0.75	
木骨架组合墙体	难燃性	0.75	
木骨架组合墙体(楼梯间)	难燃性	1.00	
楼梯	难燃性	1.00	
连接	/	1.00	防火石膏板包覆 防火封堵

12.2 木骨架组合墙体、楼（屋）盖中采用燃烧性能为 A 级的填充材料。

12.3 管道、电气线路敷设在墙体内或穿过楼板、墙体时，应采取防火保护措施，与墙体、楼板之间的缝隙应采用防火封堵材料填塞密实。住宅建筑内厨房的明火或高温部位及排油烟管道等应采用防火隔热措施。

12.4 木骨架组合墙体、楼（屋）盖和连接中采用的防火封堵应符合现行国家标准《防火封堵材料》GB 23864 和《建筑用阻燃密封胶》GB/T 24267 的规定。

12.5 墙体、楼板及封闭吊顶或屋顶下的密闭空间内应采取防火分隔措施，并满足符合现行国家标准《建筑设计防火规范（2018 年版）》GB 50016 的规定。

12.6 木结构建筑的其他防火设计应符合现行国家标准《建筑设计防火规范（2018 年版）》GB 50016 有关四级耐火等级建筑的规定，防火构造要求应符合现行国家标准《建筑设计防火规范（2018 年版）》GB 50016 和《木结构设计标准》GB 50005 的规定。

附录 B 轻型木结构案例

B.1 工程概况

本工程为 3 层轻型木结构建筑，设计使用年限为 50 年（需定期维护），建筑结构安全等级为二级，抗震设防类别为丙类，设防烈度为 8 度，设计地震分组为第二组，设计基本地震加速度为 0.20g，场地类别为Ⅳ类。本案例以 1 号楼为例，1～3 层层高分别为 3.4m、3.2m、2.6m。图 B.1 为标高 3.400m 处的结构平面布置图，楼盖、屋盖及木架构墙均使用目测分级的云杉-松-冷杉规格材，其材质等级为 Ⅱ_c，主要截面为 38mm×140mm、38mm×185mm、38mm×235mm。胶合木梁（转换梁）由树种等级为 SZ1 的花旗松-落叶松（加拿大）制成，采用同等组合方式，其强度等级为 TC_T32。覆面板（楼盖、屋盖及墙体）采用定向木片板（OSB），其厚度根据不同荷载作用取为 9mm、12mm、15mm。

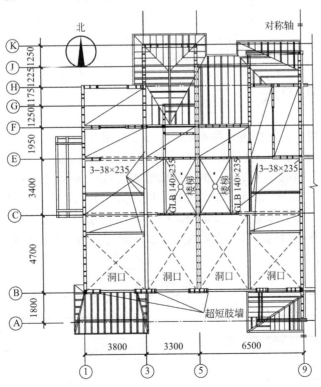

图 B.1　标高 3.400m 处的结构平面布置图（mm）

由图 B.1 可知，该轻型木结构建筑在标高 3.400m 处的南侧楼板有较大开洞（B、C 轴间），同时由于 1、2 层窗洞口较大，造成南侧外墙为多块 1m 宽、6.6m 高的超短肢墙；且由于 2 层及 3 层多处木基剪力墙支承于水平转换梁上，造成结构竖向抗侧力构件不连续（表 B.1）。由图 B.2 可知，该建筑立面还存在竖向体型收进。

建筑平面及竖向不规则性 表 B.1

不规则类型	说明
楼板局部不连续	有效楼板宽度为典型楼板宽度的 26%
竖向抗侧力构件不连续	多处木基剪力墙支承在转换梁上

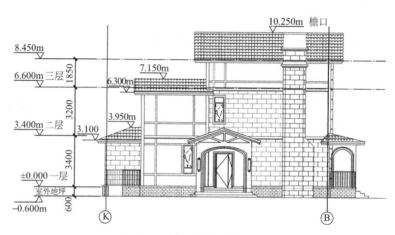

图 B.2 建筑西立面图（mm）

B.2 底部剪力法

根据本标准的规定，除扭转特别不规则或楼层抗侧力突变外，轻型木结构建筑的抗震计算可采用底部剪力法。各楼层取一个自由度的质点，坡屋面计算高度取坡屋面的半高处，水平地震影响系数取 $a_1 = a_{max}$，恒荷载取值如表 B.2 所示。通过表 B.3 得到该结构底部总剪力设计值为 598kN，假定木基剪力墙在同一方向上构造相同，即木基剪力墙的抗侧刚度与墙长成正比，则底部总剪力按该方向的总木基剪力墙墙长线性分配。表 B.4 为基于底部剪力法初步估算得到的木基剪力墙规格及其承载力。由表 B.4 可知，X 向地震作用为本工程的主控作用。

恒荷载取值 表 B.2

类型	荷载标准值（kN/m²）	备注
楼面	2.5	50mm 细石混凝土
屋面	1.5	陶瓦
外墙	1.2	230mm
内墙	0.6	120mm

底部剪力法计算结果 表 B. 3

楼层	重力荷载代表值(kN)	水平地震作用标准值(kN)
1层	1193	93
2层	1585	240
屋面	605	127
底部总剪力设计值(kN)		598

木基剪力墙规格及其承载力 表 B. 4

方向	层号	墙长/m	覆板类型(mm)	剪力设计值(kN/m)	抗剪承载力(kN/m)
X 向	1	37	双面 15	16.13	19.04
	2	27	双面 15	17.67	19.04
	3	28	单面 12	5.89	8.56
Y 向	1	120	单面 9	4.98	5.84
	2	90	单面 9	5.30	5.84
	3	81	单面 9	2.03	3.12

B. 3 模态分析

本工程采用 SAP2000 进行整体结构分析,木基剪力墙采用分层壳单元模拟,楼板和屋面采用壳单元模拟,过梁采用梁单元模拟;木基剪力墙底部采用铰接支座;以平屋面模拟坡屋面,顶层层高取坡屋面半高处。木基剪力墙覆板按表 B.4 选用,边缘杆件为由 3 根 38mm×140mm 规格材组成的组合墙骨柱,通过单元刚度修正来模拟钉间距变化对木基剪力墙抗侧刚度的影响。

结构的振型及自振周期是结构的固有特性,是反映结构动力特性的重要参数。本工程有限元模型取前 9 阶振型,前 3 阶振型和结构自振周期见图 B.3 和表 B.5。

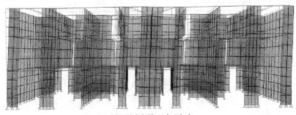

(a) 第1阶振型(X向平动)

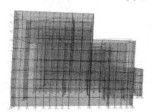

(b) 第2阶振型(Y向平动)

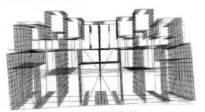

(c) 第3阶振型(扭转)

图 B.3 前 3 阶振型

结构自振周期			表 B.5
周期	2005 年版		SAP2000
T_1（X 向平动）/s	0.286		0.389
T_2（Y 向平动）/s	/		0.306
T_3（扭转）/s	/		0.265

B.4 振型分解反应谱法

多遇地震作用下的计算结果详见表 B.6，其中反应谱法计算得到的基底剪力标准值与底部剪力法接近，剪重比约为 14%。在 X 向地震作用下，最大位移比出现在南侧角部的超短肢墙（1 轴与 B 轴相交，跃层处）。由振型分解反应谱法得到地震剪力分配与底部剪力法有较大出入，其原因是在振型分解反应谱法中，地震力按墙体抗侧刚度分配。由表 B.6 可知，楼梯处的 X 向木基剪力墙底部剪力大于其抗剪承载力，需在施工图中调整该墙体的钉间距，使其满足承载力极限状态要求。在 B 轴超短肢墙处，通过底部剪力法得到的其墙肢地震附加轴压力较小，与振型分解反应谱法相差约 30kN。同时南侧角部超短肢墙作为 Y 向墙体的翼缘，在 Y 向地震作用下，该墙体的轴压力已大于其承载力，故需调整组合墙骨柱截面。

多遇地震下计算结果			表 B.6
指标	X 向地震	Y 向地震	底部剪力法
底部总剪力标准值(kN)	473	493	460
剪重比	14.0%	14.6%	13.6%
位移比	1.13	1.00	/
B 轴超短肢墙 X 向底部剪力设计值(kN/m)	3.20	/	16.13
楼梯处墙体 X 向底部剪力设计值(kN/m)	25.00	/	16.13
X 向转角墙轴压力设计值(kN)	192.69	260.36	163.30

本例通过折减定向木片板的剪切模量来模拟结构在中、大震作用下木基剪力墙抗侧刚度的下降，同时通过增大结构的阻尼比来模拟木基剪力墙的阻尼耗能特性。由表 B.7 可知，在多遇及罕遇地震作用下，结构最大层间位移角分别为 1/871、1/127，均大于本标准和《多木标》中 1/250、1/50 的限值。总的来看，该轻型木结构建筑能满足抗震设计"三水准"设防目标。

主要计算结果			表 B.7
地震烈度	多遇地震	设防地震	罕遇地震
性能水准描述	小震弹性	中震弹性	大震不倒
a_{max}	0.16	0.58	1.00
阻尼比	5%	10%	15%
定向木片板剪切模量 G_{osb}(N/mm²)	1080	864	691

地震烈度		多遇地震	设防地震	罕遇地震
层间位移角	X 向地震 （所在楼层）	1/871 （二层）	1/307 （二层）	1/127 （二层）
	Y 向地震 （所在楼层）	1/1621 （二层）	1/573 （二层）	1/240 （二层）

B.5 构造措施

南侧超短肢墙（B 轴处）的两端设置组合墙骨柱及抗拔连接件，中部设置抗剪螺栓，从而保证轴向力和剪力能有效地传递给下部混凝土结构，组合墙骨柱在跃层范围内贯通，在转角 L 形墙及外露胶合木梁处增加水平支撑（图 B.4a），该水平支撑由规格材组成，以此来保持墙体平面外稳定。同时在端部组合墙骨柱之间设置木挡块及成对的斜木撑，斜木撑角度约为 45°，同时增加用钉量（图 B.4b）。

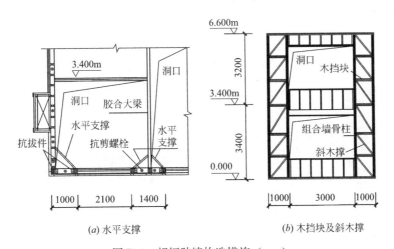

(a) 水平支撑   (b) 木挡块及斜木撑

图 B.4 超短肢墙构造措施（mm）

同时，也可采用夹板木剪力墙（图 B.5a）。与传统木剪力墙相比，具有更大的极限承载力（图 B.5b）及抗侧刚度，滞回曲线更为饱满，有更好的耗能能力及延性，滞回环呈反 S 形，存在一定"捏缩"现象（图 B.5c）；另外，滞回曲线还存在强度和刚度的退化现象，这是由于金属连接件（锚栓、钉）与规格材之间存在不可恢复变形。

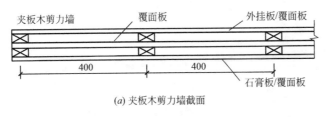

(a) 夹板木剪力墙截面

图 B.5 夹板木剪力墙（一）（mm）

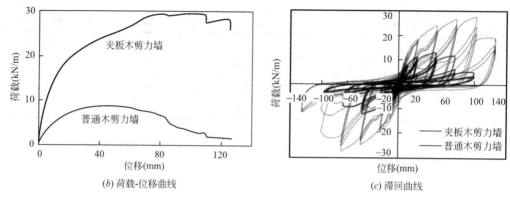

(b) 荷载-位移曲线 (c) 滞回曲线

图 B.5 夹板木剪力墙（二）

针对楼板不连续、大开洞的情况，采取以下措施：在木基楼层板上增设钢拉带，从而保证楼板水平剪力的传递；同时在木结构楼板上铺设 50mm 的配筋混凝土面层，以提高楼板的整体性；在洞口边缘处，增大封头木搁栅的截面和用钉数量。由于面层中的板筋与木基剪力墙无锚固或与楼盖搁栅无抗剪连接，属于防裂钢筋，可仅布置单层双向钢筋，并按最小配筋率构造配置。

附录 C　常见楼板和墙体的隔声性能

C.1　轻型木结构楼板隔声性能

序号	构造	$L_{n,w}$(dB)	R_w+C_u(dB)
F1	15.5mm 厚定向木片板； 40mm×235mm SPF 木搁栅，中心间距 400mm； 230mm 厚玻璃棉； 减振龙骨，中心间距 600mm； 15mm 厚防火石膏板	72	45
F2	15.5mm 厚定向木片板； 40mm×235mm 木搁栅，中心间距 400mm； 230mm 厚玻璃棉； 减振龙骨，中心间距 600mm； 两层 12mm 厚防火石膏板	69	47
F3	40mm 厚混凝土面层； 15.5mm 厚定向木片板； 40mm×235mm SPF 木搁栅，中心间距 400mm； 230mm 厚玻璃棉； 两层 12mm 厚防火石膏板	73	51
F4	40mm 厚混凝土面层； 15.5mm 厚定向木片板； 40mm×235mm SPF 木搁栅，中心间距 400mm； 230mm 厚玻璃棉； 减振龙骨，中心间距 600mm； 两层 12mm 厚防火石膏板	64	59
F5	40mm 厚混凝土面层； 15.5mm 厚定向木片板； 40mm×235mm SPF 木搁栅，中心间距 400mm； 230mm 厚玻璃棉； 减振龙骨，中心间距 600mm； 15mm 厚防火石膏板	69	57

C.2 轻型木结构墙体（内墙）隔声性能

序号	构造	$R_{\mathrm{w}}+C(\mathrm{dB})$
W1	两层 12mm 厚防火石膏板； 40mm×90mm SPF 墙骨柱，中心间距 600mm； 90mm 厚玻璃棉； 两层 12mm 厚防火石膏板	45
W2	两层 12mm 厚防火石膏板； 减振龙骨，中心间距 600mm； 40mm×90mm SPF 墙骨柱，中心间距 600mm； 90mm 厚玻璃棉； 两层 12mm 厚防火石膏板	50
W3	两层 12mm 厚防火石膏板； 40mm×140mm SPF 墙骨柱，中心间距 400mm； 140mm 厚玻璃棉； 两层 12mm 厚防火石膏板	36
W4	两层 12mm 厚防火石膏板； 弹性隔声金属条，中心间距 600mm； 40mm×140mm 墙骨柱，中心间距 400mm； 140mm 厚玻璃棉； 两层 12mm 厚防火石膏板	44
W5	15mm 厚防火石膏板； 40mm×140mm SPF 墙骨柱，中心间距 400mm； 140mm 厚玻璃棉； 15mm 厚防火石膏板	32
W6	15mm 厚防火石膏板； 40mm×140mm SPF 墙骨柱，中心间距 400mm； 140mm 厚玻璃棉； 15mm 厚防火石膏板； 12mm 厚防水石膏板	35
W7	15mm 厚防火石膏板； 减振龙骨，中心间距 600mm； 40mm×140mm SPF 墙骨柱，中心间距 400mm； 140mm 厚玻璃棉； 15mm 厚防火石膏板	39

C.3 轻型木结构墙体（分户墙）隔声性能

序号	构造	$R_{\mathrm{w}}+C(\mathrm{dB})$
W8	15mm 厚防火石膏板； 两排 40mm×90mm SPF 墙骨柱，中心间距 600mm，交错布置，地梁板截面尺寸为 40mm×140mm； 两侧 75mm 厚岩棉； 15mm 厚防火石膏板	47

续表

序号	构造	R_W+C(dB)
W9	两层 12mm 厚防火石膏板； 两排 40mm×90mm SPF 墙骨柱,中心间距 600mm,交错布置,地梁板截面尺寸为 40mm×140mm； 两侧 75mm 厚岩棉； 两层 12mm 厚防火石膏板	50
W10	两层 12mm 厚防火石膏板； 减振龙骨,中心间距 600mm； 两排 40mm×90mm 墙骨柱,中心间距 600mm,交错布置,地梁板截面尺寸为 40mm×140mm； 两侧 75mm 厚岩棉； 两层 12mm 厚防火石膏板	55
W11	15mm 厚防火石膏板； 两排 40mm×90mm SPF 墙骨柱,中心间距 400mm,两排 40mm×90mm 地梁板,中间留 25mm 缝隙； 两侧 100mm 厚岩棉； 15mm 厚防火石膏板	53
W12	两层 12mm 厚防火石膏板； 两排 40mm×90mm SPF 墙骨柱,中心间距 400mm,两排 40mm×90mm 地梁板,中间留 25mm 缝隙； 两侧 100mm 厚岩棉； 两层 12mm 厚防火石膏板	57

C.4　木骨架组合墙体（外墙）隔声性能

序号	构造	R_W+C_{tr}(dB)
EW1	两层 12mm 厚防火石膏板； 减振龙骨,中心间距 600mm； 40mm×140mm SPF 墙骨柱,中心间距 600mm； 100mm 厚岩棉； 12mm 厚水泥板； 50mm 厚岩棉外保温； 40mm×40mm 顺水条； 12mm 厚水泥板	52
EW2	两层 12mm 厚防火石膏板； 减振龙骨,中心间距 600mm； 40mm×140mm SPF 墙骨柱,中心间距 600mm； 100mm 厚岩棉； 12mm 厚水泥板	47
EW3	两层 12mm 厚防火石膏板； 减振龙骨,中心间距 600mm； 40mm×140mm SPF 墙骨柱,中心间距 600mm； 100mm 厚岩棉； 12mm 厚定向木片板； 15mm×38mm 顺水条； 12mm 厚水泥板	48

附录D　木结构建筑全生命期碳排放算例

本算例以一单层胶合木结构建筑为例，建筑功能为某宾馆多功能厅（图D.1），设计使用年限为25年，总建筑面积为857m²。该建筑各个阶段及全生命期碳排放计算详见表D.1～表D.5。根据《2019年上海市国家机关办公建筑和大型公共建筑能耗监测及分析报告》，旅游饭店建筑2019年全年用电强度118.6kWh/m²，故本算例中年运行能耗取119kWh/m²，标煤CO_2当量排放因子取0.7kg CO_2 e/kWh。最终，计算得到本算例的年单位面积碳排放为101kg CO_2 e/m²a。

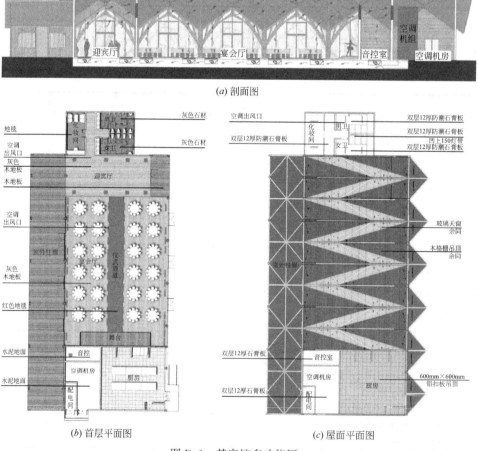

(a) 剖面图

(b) 首层平面图　　　　　　　　(c) 屋面平面图

图D.1　某宾馆多功能厅

主要建筑材料碳排放 表 D. 1

建筑材料	碳排放因子	建材用量	材料损耗系数	碳排放(kg CO₂ e)	占比
C30 混凝土	295kg CO₂e/m³	358m³	1.10	116171	33.8%
钢筋	2340kg CO₂e/t	25 t	1.10	64350	18.7%
钢连接件	2310kg CO₂e/t	1t	1.01	2333	0.7%
云杉-松-冷杉规格材	74kg CO₂e/m³	12m³	1.10	977	0.3%
花旗松-落叶松(加拿大)胶合木	184kg CO₂e/m³	96m³	1.01	17841	5.2%
加拿大铁杉挂板饰面	67kg CO₂e/m³	42m³	1.10	3095	0.9%
断桥铝合金幕墙、门窗	254kg CO₂e/m²	470m²	1.00	119380	34.7%
保温(岩棉)	1980kg CO₂e/t	9t	1.10	19602	5.7%
合计				343749	100%

运输碳排放 表 D. 2

建筑材料	运输质量(t)	运输方式	运输距离(km)	碳排放因子[kg CO₂e/(t·km)]	碳排放(kg CO₂ e)
C30 混凝土	895	重型柴油货车运输(载重 46t)	50	0.057	2551
钢筋、钢连接件	26	重型柴油货车运输(载重 30t)	50	0.078	101
断桥铝合金幕墙、门窗	24	重型柴油货车运输(载重 30t)	50	0.078	94
保温(岩棉)	9	重型柴油货车运输(载重 30t)	100	0.078	70
木材	75	重型柴油货车运输(载重 30t)	50	0.078	293
木材海运	75	干散货船运输(载重 2500t)	10000	0.015	11250
合计					14359

建筑运行碳排放 表 D. 3

年运行能耗[kWh/(m²a)]	建筑面积(m²)	使用年限(年)	总能耗量(kWh)	标煤 CO₂ 当量排放因子(kg CO₂e/kWh)
119	857	25	2549575	0.70
建筑运行碳排放(kg CO₂ e)				1784703

建筑建造及拆除碳排放 表 D. 4

	建筑面积(m²)	单位面积碳排放(kg CO₂e/m²)	碳排放(kg CO₂e)
建筑建造	857	10	8570
建筑拆除	857	10	8570

建筑全生命期碳排放   表 D.5

不同阶段碳排放（kg CO$_2$e）					总计 （kg CO$_2$e）	年单位面积碳排放 [kg CO$_2$e/(m^{2}a)]
建筑材料	运输	建造	建筑运行	拆除		
343749	14359	8570	1784703	8570	2159950	101
15.1%	0.8%	0.4%	83.2%	0.4%	100%	

附录 E　全国一级注册结构工程师专业考试木结构试题解答

为加深对本标准的理解并熟练应用，本附录对 2012 年至 2019 年全国一级注册结构工程师专业考试的木结构试题，按本标准进行修改并解答。

2019 年试题

一屋面下承式木屋架，形状及尺寸如图 E.1 所示，选用云南松 TC13A 制作，两端铰支于下部结构上。假定，该屋架的空间稳定措施满足规范要求。P 为传至屋架节点处的集中恒、活荷载，屋架处于露天环境，设计使用年限为 5 年，$\gamma_0 = 1.0$。

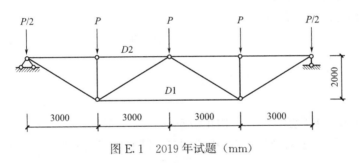

图 E.1　2019 年试题（mm）

题 1：假定 D1 采用正方形方木，恒载活载共同作用下 $P = 20$kN（设计值），试问，强度验算时，其最小截面边长（mm），与下列何项最接近？（　　）

提示：不考虑自重。

(A) 70　　　　　(B) 85　　　　　(C) 100　　　　　(D) 110

答案：B

根据本标准表 4.3.1-1、表 4.3.1-3，云南松 TC13A 的顺纹抗拉强度 $f_t = 8.5$N/mm²；

根据本标准表 4.3.9-1 及表 4.3.9-2，露天环境、设计使用年限 5 年强度调整系数分别为 0.9 和 1.10，则调整后的云南松 TC13A 的抗拉强度 $f_t = 8.5 \times 0.9 \times 1.1 = 8.42$（N/mm²）；

D1 杆轴心拉力设计值为 $N = 3P = 60$（kN）；

根据本标准式（4.1.7）和式（5.1.2-1），净截面面积 $A_n = \dfrac{\gamma_0 N}{f_t} = \dfrac{1.0 \times 60 \times 10^3}{8.42} = 7126$（mm²）；

最小截面尺寸 $b = \sqrt{A_n} = \sqrt{7126} = 84$（mm）。

题2：假定，杆件 D2 采用截面为正方形的方木。试问，满足长细比要求的最小截面边长（mm）与下列何项数值最为接近？（   ）

（A）90   （B）100   （C）110   （D）120

答案：A

根据本标准第 4.3.17 条，弦杆长细比限值为 120；

根据长细比定义，$\dfrac{l_0}{i}=\dfrac{3000}{0.289b}\leqslant 120$，解出最小边长 $b\geqslant 87\text{mm}$。

2018 年试题

一正方形截面木柱，木柱截面尺寸为 200mm×200mm，选用东北落叶松 TC17B 制作，正常使用环境下设计使用年限 50 年。计算简图如图 E.2 所示。上、下支座节点处设有防止其侧向位移和侧倾的侧向支撑。

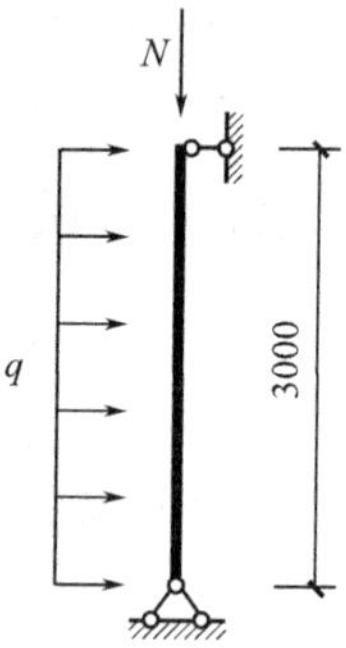

题1：假定，侧向荷载设计值 $q=1.2\text{kN/m}$。试问，当按强度验算时，其轴向压力设计值 N（kN）的最大值，与下列何项数值最为接近？（   ）

提示：1. 不考虑构件自重；

2. 构件初始偏心距 $e_0=0$。

（A）400   （B）500

（C）600   （D）700

图 E.2 2018 年试题（mr

答案：C

根据本标准第 4.1.7 条，设计使用年限 50 年，$\gamma_0=1.0$；

根据本标准表 4.3.1-3，东北落叶松 TC17B 的顺纹抗压强度 $f_c=15\text{N/mm}^2$，抗弯强度 $f_m=17\text{N/mm}^2$；

根据本标准第 4.3.2-2 条，短边尺寸不小于 150mm，强度提高系数为 1.1，则调整后的东北落叶松 TC17B 的顺纹抗压强度 $f_c=16.5\text{N/mm}^2$、抗弯强度 $f_m=18.7\text{N/mm}^2$；

净截面面积 $A_n=40000\text{mm}^2$；

根据本标准第 5.3.2 条：

$$\frac{N}{A_n f_c}+\frac{M_0+Ne_0}{W_n f_m}=\frac{N}{40000\times 16.5}+\frac{1.2\times 3^2/8\times 10^6}{200\times 200^2/6\times 18.7}\leqslant 1;$$

解出 $N\leqslant 624\text{kN}$。

题2：假定，侧向荷载设计值 $q=0\text{kN/m}$。试问，当按稳定验算时，其轴向压力设计值 N（kN）的最大值，与下列何项数值最为接近？（   ）

提示：不考虑构件自重。

（A）450   （B）550   （C）650   （D）750

答案：A

根据本标准第 4.1.7 条，设计使用年限 50 年，$\gamma_0=1.0$；

根据本标准表 4.3.1-3，东北落叶松 TC17B 的顺纹抗压强度 $f_c=15N/mm^2$；

根据本标准第 4.3.2-2 条，短边尺寸不小于 150mm，强度提高系数为 1.1，则调整后的东北落叶松 TC17B 的顺纹抗压强度 $f_c=16.5N/mm^2$；

根据本标准式（5.1.4-2）及表 5.1.5，$\lambda=\dfrac{l_0}{i}=\dfrac{1.0\times3000}{0.289\times200}=51.9$；

根据本标准式（5.1.4-1）及表 5.1.4，$\lambda_c=c_c\sqrt{\dfrac{\beta E_k}{f_{ck}}}=4.13\sqrt{330}=75>\lambda$；

根据本标准式（5.1.4-4）及表 5.1.4，$\varphi=\dfrac{1}{1+\dfrac{\lambda^2 f_{ck}}{b_c\pi^2\beta E_k}}=\dfrac{1}{1+\dfrac{51.9^2}{1.96\times3.14^2\times1\times330}}=0.70$；

根据本标准式（5.1.2-2），按稳定验算时的压力设计值 $N=\varphi f_c A_0=0.70\times16.5\times200^2=462$（kN）。

2017 年试题

一屋面下承式木屋架，形状及尺寸如图 E.3 所示，两端铰支于下部结构上。假定，该屋架的空间稳定措施满足规范要求。P 为传至屋架节点处的集中恒荷载，屋架处于正常使用环境，设计使用年限为 50 年，材料选用未经切削的东北落叶松 TC17B。

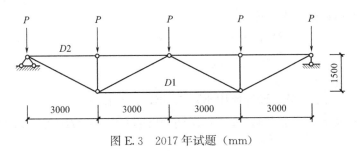

图 E.3 2017 年试题（mm）

题 1：假定，杆件 D1 采用截面标注直径为 120mm 原木。试问，当不计入杆件自重，按恒荷载进行强度验算时，能承担的节点荷载 P（设计值，kN），与下列何项数值最为接近？

（A）17   （B）19   （C）21   （D）23

答案：C

根据本标准第 4.1.7 条，设计使用年限为 50 年的结构构件，$\gamma_0=1.0$；

根据本标准表 4.3.1-3，东北落叶松 TC17B 的顺纹抗拉强度 $f_t=9.5N/mm^2$；

根据本标准表 4.3.9-1，按恒荷载验算时，木材强度设计值调整系数为 0.8；

根据本标准表 4.3.9-2，设计使用年限为 50 年，木材强度设计值调整系数为 1.0；

则调整后的 TC17B 的顺纹抗拉强度 $f_t=9.5\times0.8\times1.0=7.6$（N/mm²）；

根据本标准式（4.1.7）和式（5.1.1），$N=\dfrac{A_n f_t}{\gamma_0}=\dfrac{120^2\times3.14\times7.6}{4\times1.0}=85.91$（kN）；

则节点集中荷载 P 的值为：$P=\dfrac{1.5N}{2\times3}=\dfrac{1.5\times85.91}{6}=21.48$（kN）。

题 2：假定，杆件 D2 拟采用标注直径 $d=100$mm 的原木。试问，当按强度验算且不计杆件自重时，该杆件所能承受的最大轴压力设计值（kN），与下列何项数值最为接近？（　　）提示：不考虑施工和维修时的短暂情况。

(A) 118　　　　　(B) 124　　　　　(C) 130　　　　　(D) 136

答案：D

根据本标准表 4.3.1-3，东北落叶松 TC17B 的顺纹抗压强度 $f_c=15$N/mm^2；

根据本标准第 4.3.2-1 条，未经切削的顺纹抗压强度提高系数为 1.15，则调整后的东北落叶松 TC17B 的顺纹抗压强度 $f_c=15\times1.15=17.25$（N/mm^2）；

根据本标准第 5.1.2-1 条，净截面面积 $A_n=7850$mm^2；

根据本标准式（5.1.2-1），按强度验算时的压力设计值 $N=f_cA_n=17.25\times7850=135.4$（kN）。

2016 年试题

题 1：某设计使用年限为 50 年的木结构办公建筑中，有一轴心受压柱，两端铰接，使用未经切削的东北落叶松 TC17B 原木，计算长度为 3.9m，中央截面直径为 180mm，回转半径为 45mm，中部有一通过圆心贯穿整个截面的缺口。试问，该杆件的稳定承载力（kN），与下列何项数值最为接近？（　　）

(A) 100　　　　　(B) 120　　　　　(C) 140　　　　　(D) 160

答案：D

根据本标准第 4.1.7 条，设计使用年限 50 年，$\gamma_0=1.0$；

根据本标准表 4.3.1-1 及表 4.3.1-3，东北落叶松 TC17B 的顺纹抗压强度 $f_c=15$N/mm^2；

根据本标准第 4.3.2-1 条，未经切削的顺纹抗压强度提高系数为 1.15，则调整后的东北落叶松 TC17B 的顺纹抗压强度 $f_c=15\times1.15=17.25$（N/mm^2）；

根据本标准式（5.1.4-2）及表 5.1.5，$\lambda=\dfrac{l_0}{i}=\dfrac{1.0\times3900}{45}=86.7$；

根据本标准式（5.1.4-1）及表 5.1.4，$\lambda_c=c_c\sqrt{\dfrac{\beta E_k}{f_{ck}}}=4.13\sqrt{330}=75<\lambda$；

根据本标准式第（5.1.4-3）及表 5.1.4，$\varphi=\dfrac{a_c\pi^2\beta E_k}{\lambda^2 f_{ck}}=\dfrac{0.92\times3.14^2\times1\times330}{86.7^2}=0.40$；

根据本标准第 5.1.3-2 条，取 $A_0=0.9A$；

根据本标准式（5.1.2-2），按稳定验算时的压力设计值 $N=\varphi f_c A_0=0.40\times17.25\times0.9\times3.14\times180^2/4=158$（kN）。

题 2：关于木结构设计的下列说法，其中何项正确？（　　）

(A) 设计桁架上弦杆时，不允许使用 I$_b$ 胶合木层板板材

(B) 制作木构件时，受拉构件的连接板木材含水率不应大于 25%

(C) 承重结构方材材质标准对各材质等级中的髓心均不做限制规定

（D）"破心下料"的制作方法可以有效减少木材因干缩引起的开裂，但规范不建议大量使用

答案：D

根据《胶合木结构技术规范》GB/T 50708—2012 表 9.2.1、表 3.1.8，判断 A 选项错误；

根据本标准第 3.1.12-2 条，判断 B 选项错误；

根据本标准表 A.1.1，判断 C 选项错误；

根据本标准第 3.1.13 条及条文说明，判断 D 选项正确。

2014 年试题

题1：一原木柱（未经切削），标注直径 $d=110$mm，选用西北云杉 TC11A 制作，正常使用环境下设计使用年限为 50 年。计算简图如图 E.4 所示。假定上、下支座节点处设有防止其侧向位移和侧倾的侧向支撑。试问，当 $N=0$、$q=1.2$kN/m（设计值）时，其侧向稳定验算式 $\dfrac{M}{\varphi_l W} \leqslant f_m$，与下列何项选择最为接近？（　　）

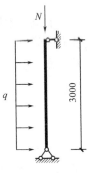

图 E.4　2014 年试题（mm）

提示：1. 不考虑构件自重；

　　　2. 小数点后四舍五入取两位。

（A）7.30＜11.00　　　　　　　（B）10.34＜11.00

（C）7.30＜12.65　　　　　　　（D）10.34＜12.65

答案：C

根据本标准第 4.1.7 条，设计使用年限为 50 年的结构构件，$\gamma_0=1.0$；

根据本标准第 4.3.18 条，验算稳定时取中央截面 $d=110+1.5\times9=123.5$（mm）；

根据本标准表 4.3.1-3，西北云杉 TC11A 的抗弯强度 $f_m=11$N/mm²；

根据本标准第 4.3.2-1 条，原木未经切削的抗弯强度提高系数为 1.15，则调整后的西北云杉 TC11A 的抗弯强度 $f_m=11\times1.15=12.65$（N/mm²）；

最大弯矩 $M=ql^2/8=1.2\times3^2/8=1.35$（kN·m）；

截面抵抗矩 $W=\dfrac{1}{32}\pi d^3=\dfrac{1}{32}\times3.14\times123.5^3=184833$（mm³）；

根据本标准第 5.2.3-1 条，圆形截面，中间未设侧向支撑，侧向稳定系数 φ_l 取 1；

则 $\dfrac{M}{\varphi_l W}=\dfrac{1.35\times10^6}{184833}=7.30$（N/mm²）

题2：关于木结构房屋设计，下列说法中何种选择是错误的？（　　）

（A）对于木柱木屋架房屋，可采用贴砌在木柱外侧的烧结普通砖砌体，并应与木柱采取可靠拉结措施

（B）对于有抗震要求的木柱木屋架房屋，其屋架与木柱连接处均须设置斜撑

（C）对于木柱木屋架房屋，当有吊车使用功能时，屋盖除应设置上弦横向支撑外，尚应设置垂直支撑

（D）对于设防烈度为 8 度地震区建造的木柱木屋架房屋，除支撑结构与屋架采用螺栓连接外，椽与檩条、檩条与屋架连接均可采用钉连接

答案：D

根据《建筑抗震设计规范（2016 年版）》GB 50011—2010 第 11.3.10 条，判断 A 选项正确；

根据本标准第 7.7.10 条，判断 B 选项正确；

根据本标准第 7.7.3 条，判断 C 选项正确；

根据本标准第 7.4.11 条，判断 D 选项错误。

2013 年试题

一下承式木屋架，形状及尺寸如图 E.5 所示，两端铰支与下部结构上，其空间稳定措施满足规范要求。P 为由檩条（与屋架上弦锚固）传至屋架节点处的节点荷载。屋架处于露天环境，设计使用年限为 5 年，安全等级为三级，材料选用西北云杉 TC11A。

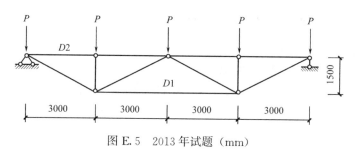

图 E.5　2013 年试题（mm）

题 1：假定，杆件 D1 采用截面为正方形的方木，$P=16.7$kN（设计值）。试问，当按强度验算时，其设计最小截面尺寸（mm×mm）与下列何项数值最为接近？（　　）

提示：强度验算时不考虑构件自重。

（A）80×80　　　（B）85×85　　　（C）90×90　　　（D）95×95

答案：C

根据本标准第 4.1.7 条，安全等级三级，$\gamma_0 = 0.9$；

根据本标准表 4.3.1-1、表 4.3.1-3，西北云杉 TC11A 的顺纹抗拉强度 $f_t = 7.5$N/mm²；

根据本标准表 4.3.9-1 及表 4.3.9-2，露天环境、设计使用年限为 5 年强度调整系数分别为 0.9 和 1.1，则调整后的西北云杉 TC11A 的抗拉强度 $f_t = 7.5 \times 0.9 \times 1.1 = 7.43$（N/mm²）；

D1 杆轴心拉力设计值为 $N = 4P = 4 \times 16.7 = 66.8$（kN）；

根据本标准式（4.1.7）和式（5.1.2-1），净截面面积 $A_n = \dfrac{\gamma_0 N}{f_t} = \dfrac{0.9 \times 66.8 \times 10^3}{7.43} = 8091$（mm²）；

最小截面尺寸 $b = \sqrt{A_n} = \sqrt{8091} = 90$mm。

题 2：假定，杆件 D2 采用截面为正方形的方木。试问，满足长细比要求的最小截面

边长（mm）与下列何项数值最为接近？（　　　）

(A) 60　　　　　　　(B) 70　　　　　　　(C) 90　　　　　　　(D) 100

答案：C

根据本标准第 4.3.17 条，弦杆长细比限值为 120；

根据长细比定义，$\dfrac{l_0}{i}=\dfrac{3000}{0.289b}\leqslant120$，解出最小边长 $b\geqslant87\text{mm}$。

2012 年试题

题 1：关于木结构设计，下列说法（　　　）：

Ⅰ. 用原木、方木做承重构件时，含水率不应大于 30%；超过时应符合专门规定

Ⅱ. 木结构受拉或受弯构件应选用 I_a 级材质的木材

Ⅲ. 验算原木挠度和稳定时，可取中央截面

Ⅳ. 设计使用年限为 25 年时，结构重要性系数 γ_0 不小于 0.95

(A) Ⅰ、Ⅱ正确，Ⅲ、Ⅳ错误　　　　　　(B) Ⅱ、Ⅲ正确，Ⅰ、Ⅳ错误

(C) Ⅰ、Ⅳ正确，Ⅱ、Ⅲ错误　　　　　　(D) Ⅲ、Ⅳ正确，Ⅰ、Ⅱ错误

答案：B

根据本标准第 3.1.13 条，判断Ⅰ错误；

根据本标准表 3.1.3-1，判断Ⅱ正确；

根据本标准第 4.3.18 条，判断Ⅲ正确；

根据本标准第 4.1.7 条及《建筑结构可靠性设计统一标准》GB 50068—2018 表 8.2.8，判断Ⅳ错误。

题 2：一轴心受压柱，采用北美落叶松 TC13A 原木制作，两端铰接，计算长度 3.2m，在木柱 1.6m 高度处有一个 $d=22\text{mm}$ 的螺栓穿过截面中央，原木标注直径 $d=150\text{mm}$，该受压构件处于室内正常使用环境，安全等级为二级，设计使用年限为 25 年。试问，按稳定验算时，该柱轴心受压承载力（kN）与下列何项最为接近？（　　　）

(A) 95　　　　　　　(B) 100　　　　　　　(C) 105　　　　　　　(D) 110

答案：D

根据本标准第 4.1.7 条，安全等级二级，$\gamma_0=1.0$；

根据本标准表 4.3.1-1、表 4.3.1-3，北美落叶松 TC13 的顺纹抗压强度 $f_c=12\text{N/mm}^2$；

根据本标准表 4.3.9-2，设计使用年限为 25 年顺纹抗压强度提高系数为 1.05，则调整后的北美落叶松 TC13A 的顺纹抗压强度 $f_c=12\times1.05=12.6$（N/mm^2）；

根据本标准第 4.3.18 条，验算稳定时取中央截面 $d=150+1.6\times9=164.4$（mm）；

根据本标准第 5.1.3-5 条，验算稳定时，螺栓孔可不作为缺口考虑，则 $A_0=3.14\times164.4^2/4=21216$（mm^2）；

根据本标准式（5.1.4-2）、表 5.1.5，$\lambda=\dfrac{l_0}{i}=\dfrac{3200}{164.4/4}=78$；

根据本标准式（5.1.4-1），$\lambda_c = c_c \sqrt{\dfrac{\beta E_k}{f_{ck}}} = 5.28\sqrt{300} = 91 > \lambda$；

根据本标准式（5.1.4-4），$\varphi = \dfrac{1}{1 + \dfrac{\lambda^2 f_{ck}}{b_c \pi^2 \beta E_k}} = \dfrac{1}{1 + \dfrac{78^2}{1.43 \times 3.14^2 \times 1 \times 300}} = 0.41$；

根据本标准式（5.1.2-2），按稳定验算轴心受压承载力 $N = \varphi A_0 f_c = 0.41 \times 21216 \times 12.6 = 109.6$（kN）。

参考文献

[1] 杨学兵. 中国《木结构设计标准》发展历程及木结构建筑发展趋势 [J]. 建筑结构, 2018, 048 (010): 1-6.

[2] 祝恩淳, 潘景龙. 木结构设计中的问题探讨 [M]. 北京: 中国建筑工业出版社, 2017.

[3] 中国建筑西南设计研究院有限公司, 四川省建筑科学研究院. 木结构设计标准: GB 50005—2017 [S]. 北京: 中国建筑工业出版社, 2018.

[4] 公安部天津消防研究所. 建筑设计防火规范 (2018 年版): GB 50016—2014 [S]. 北京: 中国计划出版社, 2018.

[5] European Committee for Standardization. Eurocode 5: Design of timber structures: EN 1995-1-1 [S]. Brussel, 2010.

[6] Canadian Standards Association. Engineering design in Wood: CSA O86 [S]. Toronto. 2019.

[7] American Wood Council. National design specification for wood construction: NDSWC—2018 [S]. Leesburg, 2017.

[8] Canadian Standards Association. Structural glued-laminated timber: CSA O122 [S]. Toronto, 2015.

[9] Canadian Standards Association. Softwood Lumber: CSA O141 [S]. Toronto. 2014.

[10] Deutsches Institut für Normung. Sortierung von Holz nach der Tragfähigkeit-Teil 1: Nadelschnittholz: DIN 4074-1 [S]. Berlin, 2012.

[11] European Committee for Standardization. Timber structures-Glued laminated timber and glued solid timber-Requirements: EN 14080 [S]. Brussel, 2013.

[12] European Committee for Standardization. Timber structures-Cross laminated timber-Requirements: EN 16351 [S]. Brussel, 2015.

[13] American National Standards Institute. Standard for Performance-Rated Cross-Laminated Timber: ANSI/APA PRG 320 [S]. New York, 2018.

[14] 中国建筑西南设计院. 木结构设计规范: GBJ 5—1988 [S]. 北京: 中国建筑工业出版社, 1989.

[15] 《木结构设计手册》编辑委员会. 木结构设计手册 [M]. 3 版. 北京: 中国建筑工业出版社, 2005.

[16] Jack Porteous and Abdy Kermani. Structural Timber Design to Eurocode 5 [M]. 2nd Edition Blackwell Publishing Ltd. , 2013.

[17] 陈志勇, 祝恩淳, 潘景龙. 复杂应力状态下木材力学性能的数值模拟 [J]. 计算力学学报, 2011, 28 (4): 629-634.

[18] David W. Green, Jerrold E. Winandy, David E. Kretschmann. Mechanical properties of wood [M]. Mechanical properties of metals. Wiley, 1999.

[19] 中国建筑科学研究院有限公司. 建筑结构可靠性设计统一标准: GB 50068—2018 [S]. 北京: 中国建筑工业出版社, 2018.

[20] 中国建筑西南设计研究院有限公司. 胶合木结构技术规范: GB/T 50708—2012 [S]. 北京: 中国建筑工业出版社, 2012.

[21] 中国建筑科学研究院. 建筑抗震设计规范 (2016 年版): GB 50011—2010 [S]. 北京: 中国建筑工业出版社, 2016.

[22] 上海现代建筑设计 (集团) 有限公司. 轻型木结构建筑技术规程: DG/TJ08—2059—2009 [S]. 上海: 上海市建筑建材业市场管理总站, 2009.

[23] Applied technology council. NEHRP guidelines for the seismic rehabilitation of buildings: FEMA 273 [S]. Washington, D. C. , 1997.

[24] 中国建筑西南设计研究院有限公司, 南京工业大学. 多高层木结构建筑技术标准: GB/T 51226—2017 [S]. 北京: 中国建筑工业出版社, 2017.

[25] 上海现代建筑设计 (集团) 有限公司. 工程木结构设计规范: DG/TJ08—2192—2016 [S]. 上海: 同济大学出版社, 2016.

[26] G. Werner, K. Zimmer. Holzbau Teil1 [M]. Srpinger Verlag, 2004.

[27] 《建筑结构构造资料集》编辑委员会. 建筑结构构造资料集 (上) [M]. 2 版. 北京: 中国建筑工业出版社, 2006.

［28］山田，垦史，穗積，等. 2-7 木造住宅金物工法用梁受金物の鉛直荷重支持能力に関する研究：2 本の梁が柱に直列・直交方向に架けられる場合（材料・構造系）［J］. 日本建築学会北陸支部研究報告集，2010：139-142.

［29］何敏娟，倪春. 多层木结构及木混合结构设计原理与工程案例［M］. 北京：中国建筑工业出版社，2018.

［30］SP Report 2010：19，Fire safety in timber building［M］. SP Technical Research Institute of Sweden，Stockholm，2010.

［31］European Committee for Standardization. Eurocode 5：Design of timber structures：EN 1995-1-2［S］. Brussel，2010.

［32］国家建筑材料工业标准定额总站，中国建筑西南设计研究院有限公司. 木骨架组合墙体技术标准：GB/T 50361—2018［S］. 北京：中国建筑工业出版社，2018.

［33］中国建筑科学研究院. 民用建筑隔声设计规范：GB 50118—2010［S］. 北京：中国建筑工业出版社，2010.

［34］朱亚鼎. 木骨架组合墙体隔声性能的参数研究［J］. 建筑技术，2020，51（03）：264-267.

［35］刘芯彤，席飞，杨晓林，等. 木结构建筑隔声技术研究进展［J］. 林产工业，2017，44（07）：6-9＋14.

［36］朱亚鼎. 某轻型木结构建筑抗震设计［J］. 建筑结构，2018，048（010）：25-29.

［37］张时聪，杨芯岩，徐伟. 现代木结构建筑全寿命期碳排放计算研究［J］. 建设科技，2019（18）：45-48.

［38］全国一级注册结构工程师专业考试试题解答及分析编委会. 全国一级注册结构工程师专业考试试题解答及分析：2012—2018［M］. 北京：中国建筑工业出版社，2019.